한솔 완벽한 연산

수학은 마라톤입니다.
지금 여러분은 출발 지점에 서 있습니다.
초등학교 저학년 때는
수학 마라톤을 잘 하기 위해
기초 체력을 튼튼히 길러야 합니다.

한솔 완벽한 연산으로 시작하세요.
마라톤을 잘 뛸 수 있는 완벽한 연산 실력을 키워줍니다.

왜 완벽한 연산인가요?

기초 연산은 물론, 학교 연산까지 이 책 시리즈 하나면 완벽하게 끝나기 때문입니다. '한솔 완벽한 연산'은 하루 8쪽씩, 5일 동안 4주분을 학습하고, 마지막 주에는 학교 시험에 완벽하게 대비할 수 있도록 '연산 UP' 16쪽을 추가로 제공합니다.

매일 꾸준한 연습으로 연산 실력을 키우기에 충분한 학습량입니다.

'한솔 완벽한 연산' 하나면 기초 연산도 학교 연산도 완벽하게 대비할 수 있습니다.

몇 단계로 구성되고, 몇 학년이 풀 수 있나요?

모두 6단계로 구성되어 있습니다.

'한솔 완벽한 연산'은 한 단계가 1개 학년이 아닙니다. 연산의 기초 훈련이 가장 필요한 시기인 초등 2~3학년에 집중하여 여러 단계로 구성하였습니다.

이 시기에는 수학의 기초 체력을 튼튼히 길러야 하니까요.

단계	권장 학년	학습 내용
MA	6~7세	100까지의 수, 더하기와 빼기
MB	초등 1~2학년	한 자리 수의 덧셈, 두 자리 수의 덧셈
MC	초등 1~2학년	두 자리 수의 덧셈과 뺄셈
MD	초등 2~3학년	두·세 자리 수의 덧셈과 뺄셈
ME	초등 2~3학년	곱셈구구, (두·세 자리 수)×(한 자리 수), (두·세 자리 수)÷(한 자리 수)
MF	초등 3~4학년	(두·세 자리 수)×(두 자리 수), (두·세 자리 수)÷(두 자리 수), 분수·소수의 덧셈과 뺄셈

책 한 권은 어떻게 구성되어 있나요?

✏️ 책 한 권은 모두 4주 학습으로 구성되어 있습니다.
한 주는 모두 40쪽으로 하루에 8쪽씩, 5일 동안 푸는 것을 권장합니다.
마지막 5주차에는 학교 시험에 대비할 수 있는 '연산 UP'을 학습합니다.

'한솔 완벽한 연산'도 매일매일 풀어야 하나요?

✏️ 물론입니다. 매일매일 규칙적으로 연습을 해야 연산 능력이 향상되기 때문입니다.
월요일부터 금요일까지 매일 8쪽씩, 4주 동안 규칙적으로 풀고, 마지막 주에
'연산 UP' 16쪽을 다 풀면 한 권 학습이 끝납니다.
매일매일 푸는 습관이 잡히면 개인 진도에 따라 두 달에 3권을 푸는 것도 가능
합니다.

하루 8쪽씩이라구요? 너무 많은 양 아닌가요?

✏️ '한솔 완벽한 연산'은 술술 풀면서 잘 넘어가는 학습지입니다.
공부하는 학생 입장에서는 빡빡한 문제를 4쪽 푸는 것보다 술술 넘어가는 문제를
8쪽 푸는 것이 훨씬 큰 성취감을 느낄 수 있습니다.
'한솔 완벽한 연산'은 학생의 연령을 고려해 쪽당 학습량을 전략적으로 구성했습니
다. 그래서 학생이 부담을 덜 느끼면서 효과적으로 학습할 수 있습니다.

🤔 학교 진도와 맞추려면 어떻게 공부해야 하나요?

✏️ 이 책은 한 권을 한 달 동안 푸는 것을 권장합니다.

각 단계별 학교 진도는 다음과 같습니다.

단계	MA	MB	MC	MD	ME	MF
권 수	8권	5권	7권	7권	7권	7권
학교 진도	초등 이전	초등 1학년	초등 2학년	초등 3학년	초등 3학년	초등 4학년

초등학교 1학년이 3월에 MB 단계부터 매달 1권씩 꾸준히 푼다고 한다면 2학년이 시작될 때 MD 단계를 풀게 되고, 3학년 때 MF 단계(4학년 과정)까지 마무리할 수 있습니다.

이 책 시리즈로 꼼꼼히 학습하게 되면 일반 방문학습지 못지 않게 충분한 연산 실력을 쌓게 되고 조금씩 다음 학년 진도까지 학습할 수 있다는 장점이 있습니다.

매일 꾸준히 성실하게 학습한다면 학년 구분 없이 원하는 진도를 스스로 계획하고 진행해 나갈 수 있습니다.

🤔 '연산 UP'은 어떻게 공부해야 하나요?

✏️ '연산 UP'은 4주 동안 훈련한 연산 능력을 확인하는 과정이자 학교에서 흔히 접하는 계산 유형 문제까지 접할 수 있는 코너입니다.

'연산 UP'의 구성은 다음과 같습니다.

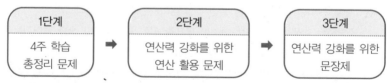

'연산 UP'은 모두 16쪽으로 구성되었으므로 하루 8쪽씩 2일 동안 학습하고, 다음 단계로 진행할 것을 권장합니다.

6~7세

권	제목	주차별 학습 내용	
1	20까지의 수 1	1주	5까지의 수 (1)
		2주	5까지의 수 (2)
		3주	5까지의 수 (3)
		4주	10까지의 수
2	20까지의 수 2	1주	10까지의 수 (1)
		2주	10까지의 수 (2)
		3주	20까지의 수 (1)
		4주	20까지의 수 (2)
3	20까지의 수 3	1주	20까지의 수 (1)
		2주	20까지의 수 (2)
		3주	20까지의 수 (3)
		4주	20까지의 수 (4)
4	50까지의 수	1주	50까지의 수 (1)
		2주	50까지의 수 (2)
		3주	50까지의 수 (3)
		4주	50까지의 수 (4)
5	1000까지의 수	1주	100까지의 수 (1)
		2주	100까지의 수 (2)
		3주	100까지의 수 (3)
		4주	1000까지의 수
6	수 가르기와 모으기	1주	수 가르기 (1)
		2주	수 가르기 (2)
		3주	수 모으기 (1)
		4주	수 모으기 (2)
7	덧셈의 기초	1주	상황 속 덧셈
		2주	더하기 1
		3주	더하기 2
		4주	더하기 3
8	뺄셈의 기초	1주	상황 속 뺄셈
		2주	빼기 1
		3주	빼기 2
		4주	빼기 3

MB 초등 1 · 2학년 ①

권	제목	주차별 학습 내용	
1	덧셈 1	1주	받아올림이 없는 (한 자리 수)+(한 자리 수) (1)
		2주	받아올림이 없는 (한 자리 수)+(한 자리 수) (2)
		3주	받아올림이 없는 (한 자리 수)+(한 자리 수) (3)
		4주	받아올림이 없는 (두 자리 수)+(한 자리 수)
2	덧셈 2	1주	받아올림이 없는 (두 자리 수)+(한 자리 수)
		2주	받아올림이 있는 (한 자리 수)+(한 자리 수) (1)
		3주	받아올림이 있는 (한 자리 수)+(한 자리 수) (2)
		4주	받아올림이 있는 (한 자리 수)+(한 자리 수) (3)
3	뺄셈 1	1주	(한 자리 수)-(한 자리 수) (1)
		2주	(한 자리 수)-(한 자리 수) (2)
		3주	(한 자리 수)-(한 자리 수) (3)
		4주	받아내림이 없는 (두 자리 수)-(한 자리 수)
4	뺄셈 2	1주	받아내림이 없는 (두 자리 수)-(한 자리 수)
		2주	받아내림이 있는 (두 자리 수)-(한 자리 수) (1)
		3주	받아내림이 있는 (두 자리 수)-(한 자리 수) (2)
		4주	받아내림이 있는 (두 자리 수)-(한 자리 수) (3)
5	덧셈과 뺄셈의 완성	1주	(한 자리 수)+(한 자리 수), (한 자리 수)-(한 자리 수)
		2주	세 수의 덧셈, 세 수의 뺄셈 (1)
		3주	(한 자리 수)+(한 자리 수), (두 자리 수)-(한 자리 수)
		4주	세 수의 덧셈, 세 수의 뺄셈 (2)

MC 초등 1·2학년 ②

권	제목	주차별 학습 내용	
1	두 자리 수의 덧셈 1	1주	받아올림이 없는 (두 자리 수)+(한 자리 수)
		2주	몇십 만들기
		3주	받아올림이 있는 (두 자리 수)+(한 자리 수) (1)
		4주	받아올림이 있는 (두 자리 수)+(한 자리 수) (2)
2	두 자리 수의 덧셈 2	1주	받아올림이 없는 (두 자리 수)+(두 자리 수) (1)
		2주	받아올림이 없는 (두 자리 수)+(두 자리 수) (2)
		3주	받아올림이 없는 (두 자리 수)+(두 자리 수) (3)
		4주	받아올림이 없는 (두 자리 수)+(두 자리 수) (4)
3	두 자리 수의 덧셈 3	1주	받아올림이 있는 (두 자리 수)+(두 자리 수) (1)
		2주	받아올림이 있는 (두 자리 수)+(두 자리 수) (2)
		3주	받아올림이 있는 (두 자리 수)+(두 자리 수) (3)
		4주	받아올림이 있는 (두 자리 수)+(두 자리 수) (4)
4	두 자리 수의 뺄셈 1	1주	받아내림이 없는 (두 자리 수)-(한 자리 수)
		2주	몇십에서 빼기
		3주	받아내림이 있는 (두 자리 수)-(한 자리 수) (1)
		4주	받아내림이 있는 (두 자리 수)-(한 자리 수) (2)
5	두 자리 수의 뺄셈 2	1주	받아내림이 없는 (두 자리 수)-(두 자리 수) (1)
		2주	받아내림이 없는 (두 자리 수)-(두 자리 수) (2)
		3주	받아내림이 없는 (두 자리 수)-(두 자리 수) (3)
		4주	받아내림이 없는 (두 자리 수)-(두 자리 수) (4)
6	두 자리 수의 뺄셈 3	1주	받아내림이 있는 (두 자리 수)-(두 자리 수) (1)
		2주	받아내림이 있는 (두 자리 수)-(두 자리 수) (2)
		3주	받아내림이 있는 (두 자리 수)-(두 자리 수) (3)
		4주	받아내림이 있는 (두 자리 수)-(두 자리 수) (4)
7	덧셈과 뺄셈의 완성	1주	세 수의 덧셈
		2주	세 수의 뺄셈
		3주	(두 자리 수)+(한 자리 수), (두 자리 수)-(한 자리 수) 종합
		4주	(두 자리 수)+(두 자리 수), (두 자리 수)-(두 자리 수) 종합

MD 초등 2·3학년 ①

권	제목	주차별 학습 내용	
1	두 자리 수의 덧셈	1주	받아올림이 있는 (두 자리 수)+(두 자리 수) (1)
		2주	받아올림이 있는 (두 자리 수)+(두 자리 수) (2)
		3주	받아올림이 있는 (두 자리 수)+(두 자리 수) (3)
		4주	받아올림이 있는 (두 자리 수)+(두 자리 수) (4)
2	세 자리 수의 덧셈 1	1주	받아올림이 없는 (세 자리 수)+(두 자리 수)
		2주	받아올림이 있는 (세 자리 수)+(두 자리 수) (1)
		3주	받아올림이 있는 (세 자리 수)+(두 자리 수) (2)
		4주	받아올림이 있는 (세 자리 수)+(두 자리 수) (3)
3	세 자리 수의 덧셈 2	1주	받아올림이 있는 (세 자리 수)+(세 자리 수) (1)
		2주	받아올림이 있는 (세 자리 수)+(세 자리 수) (2)
		3주	받아올림이 있는 (세 자리 수)+(세 자리 수) (3)
		4주	받아올림이 있는 (세 자리 수)+(세 자리 수) (4)
4	두·세 자리 수의 뺄셈	1주	받아내림이 있는 (두 자리 수)-(두 자리 수) (1)
		2주	받아내림이 있는 (두 자리 수)-(두 자리 수) (2)
		3주	받아내림이 있는 (두 자리 수)-(두 자리 수) (3)
		4주	받아내림이 없는 (세 자리 수)-(두 자리 수)
5	세 자리 수의 뺄셈 1	1주	받아내림이 있는 (세 자리 수)-(두 자리 수) (1)
		2주	받아내림이 있는 (세 자리 수)-(두 자리 수) (2)
		3주	받아내림이 있는 (세 자리 수)-(두 자리 수) (3)
		4주	받아내림이 있는 (세 자리 수)-(두 자리 수) (4)
6	세 자리 수의 뺄셈 2	1주	받아내림이 있는 (세 자리 수)-(세 자리 수) (1)
		2주	받아내림이 있는 (세 자리 수)-(세 자리 수) (2)
		3주	받아내림이 있는 (세 자리 수)-(세 자리 수) (3)
		4주	받아내림이 있는 (세 자리 수)-(세 자리 수) (4)
7	덧셈과 뺄셈의 완성	1주	덧셈의 완성 (1)
		2주	덧셈의 완성 (2)
		3주	뺄셈의 완성 (1)
		4주	뺄셈의 완성 (2)

ME 초등 2 · 3학년 ②

권	제목	주차별 학습 내용	
1	곱셈구구	1주	곱셈구구 (1)
		2주	곱셈구구 (2)
		3주	곱셈구구 (3)
		4주	곱셈구구 (4)
2	(두 자리 수)×(한 자리 수) 1	1주	곱셈구구 종합
		2주	(두 자리 수)×(한 자리 수) (1)
		3주	(두 자리 수)×(한 자리 수) (2)
		4주	(두 자리 수)×(한 자리 수) (3)
3	(두 자리 수)×(한 자리 수) 2	1주	(두 자리 수)×(한 자리 수) (1)
		2주	(두 자리 수)×(한 자리 수) (2)
		3주	(두 자리 수)×(한 자리 수) (3)
		4주	(두 자리 수)×(한 자리 수) (4)
4	(세 자리 수)×(한 자리 수)	1주	(세 자리 수)×(한 자리 수) (1)
		2주	(세 자리 수)×(한 자리 수) (2)
		3주	(세 자리 수)×(한 자리 수) (3)
		4주	곱셈 종합
5	(두 자리 수)÷(한 자리 수) 1	1주	나눗셈의 기초 (1)
		2주	나눗셈의 기초 (2)
		3주	나눗셈의 기초 (3)
		4주	(두 자리 수)÷(한 자리 수)
6	(두 자리 수)÷(한 자리 수) 2	1주	(두 자리 수)÷(한 자리 수) (1)
		2주	(두 자리 수)÷(한 자리 수) (2)
		3주	(두 자리 수)÷(한 자리 수) (3)
		4주	(두 자리 수)÷(한 자리 수) (4)
7	(두·세 자리 수)÷(한 자리 수)	1주	(두 자리 수)÷(한 자리 수) (1)
		2주	(두 자리 수)÷(한 자리 수) (2)
		3주	(세 자리 수)÷(한 자리 수) (1)
		4주	(세 자리 수)÷(한 자리 수) (2)

MF 초등 3 · 4학년

권	제목	주차별 학습 내용	
1	(두 자리 수)×(두 자리 수)	1주	(두 자리 수)×(한 자리 수)
		2주	(두 자리 수)×(두 자리 수) (1)
		3주	(두 자리 수)×(두 자리 수) (2)
		4주	(두 자리 수)×(두 자리 수) (3)
2	(두·세 자리 수)×(두 자리 수)	1주	(두 자리 수)×(두 자리 수)
		2주	(세 자리 수)×(두 자리 수) (1)
		3주	(세 자리 수)×(두 자리 수) (2)
		4주	곱셈의 완성
3	(두 자리 수)÷(두 자리 수)	1주	(두 자리 수)÷(두 자리 수) (1)
		2주	(두 자리 수)÷(두 자리 수) (2)
		3주	(두 자리 수)÷(두 자리 수) (3)
		4주	(두 자리 수)÷(두 자리 수) (4)
4	(세 자리 수)÷(두 자리 수)	1주	(세 자리 수)÷(두 자리 수) (1)
		2주	(세 자리 수)÷(두 자리 수) (2)
		3주	(세 자리 수)÷(두 자리 수) (3)
		4주	나눗셈의 완성
5	혼합 계산	1주	혼합 계산 (1)
		2주	혼합 계산 (2)
		3주	혼합 계산 (3)
		4주	곱셈과 나눗셈, 혼합 계산 총정리
6	분수의 덧셈과 뺄셈	1주	분수의 덧셈 (1)
		2주	분수의 덧셈 (2)
		3주	분수의 뺄셈 (1)
		4주	분수의 뺄셈 (2)
7	소수의 덧셈과 뺄셈	1주	분수의 덧셈과 뺄셈
		2주	소수의 기초, 소수의 덧셈과 뺄셈 (1)
		3주	소수의 덧셈과 뺄셈 (2)
		4주	소수의 덧셈과 뺄셈 (3)

주별 학습 내용 　MA단계 **5**권

1주 100까지의 수 (1) ⋯⋯⋯⋯⋯⋯⋯⋯⋯⋯⋯⋯⋯⋯⋯⋯⋯ 9

2주 100까지의 수 (2) ⋯⋯⋯⋯⋯⋯⋯⋯⋯⋯⋯⋯⋯⋯⋯⋯ 51

3주 100까지의 수 (3) ⋯⋯⋯⋯⋯⋯⋯⋯⋯⋯⋯⋯⋯⋯⋯ 93

4주 1000까지의 수 ⋯⋯⋯⋯⋯⋯⋯⋯⋯⋯⋯⋯⋯⋯⋯⋯⋯ 135

연산 UP ⋯⋯⋯⋯⋯⋯⋯⋯⋯⋯⋯⋯⋯⋯⋯⋯⋯⋯⋯⋯⋯⋯ 177

정답 ⋯⋯⋯⋯⋯⋯⋯⋯⋯⋯⋯⋯⋯⋯⋯⋯⋯⋯⋯⋯⋯⋯⋯ 195

MA단계 5권

100까지의 수 (1)

1주차

요일	교재 번호	학습한 날짜		확인
1일차(월)	01~08	월	일	
2일차(화)	09~16	월	일	
3일차(수)	17~24	월	일	
4일차(목)	25~32	월	일	
5일차(금)	33~40	월	일	

● 빈칸에 알맞은 수를 쓰세요.

(1)

십일   열하나

십 모형	낱개 모형
l	l

l l

(2)

십사   열넷

십 모형	낱개 모형

(3)

이십이   스물둘

십 모형	낱개 모형

(4)

삼십   서른

십 모형	낱개 모형

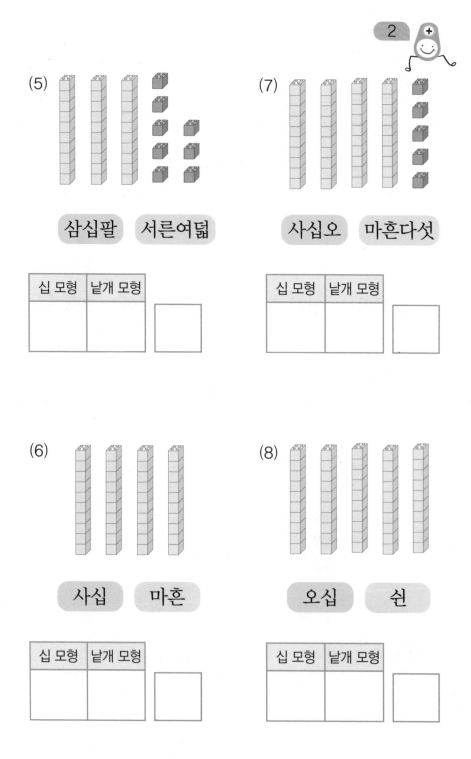

(5)

삼십팔　서른여덟

십 모형	낱개 모형	

(7)

사십오　마흔다섯

십 모형	낱개 모형	

(6)

사십　마흔

십 모형	낱개 모형	

(8)

오십　쉰

십 모형	낱개 모형	

3

● 수를 읽어 보고, 빈칸에 알맞은 수를 쓰세요.

51	52	53	54	55
오십일, 쉰하나	오십이, 쉰둘	오십삼, 쉰셋	오십사, 쉰넷	오십오, 쉰다섯

56	57	58	59	60
오십육, 쉰여섯	오십칠, 쉰일곱	오십팔, 쉰여덟	오십구, 쉰아홉	육십, 예순

(1)

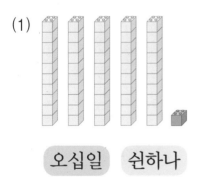

오십일   쉰하나

십 모형	낱개 모형	

(2)

오십삼   쉰셋

십 모형	낱개 모형	

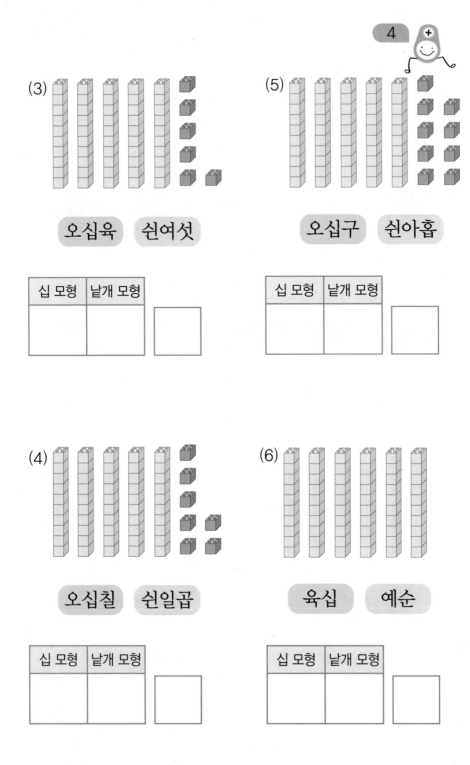

(3)

오십육   쉰여섯

십 모형	낱개 모형	

(5)

오십구   쉰아홉

십 모형	낱개 모형	

(4)

오십칠   쉰일곱

십 모형	낱개 모형	

(6)

육십   예순

십 모형	낱개 모형	

● 수를 읽어 보고, 빈칸에 알맞은 수를 쓰세요.

61	62	63	64	65
육십일, 예순하나	육십이, 예순둘	육십삼, 예순셋	육십사, 예순넷	육십오, 예순다섯

66	67	68	69	70
육십육, 예순여섯	육십칠, 예순일곱	육십팔, 예순여덟	육십구, 예순아홉	칠십, 일흔

(1)

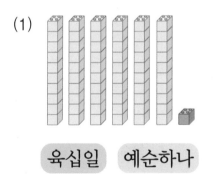

육십일   예순하나

십 모형	낱개 모형	

(2)

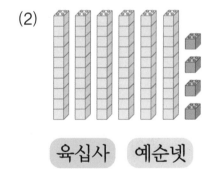

육십사   예순넷

십 모형	낱개 모형	

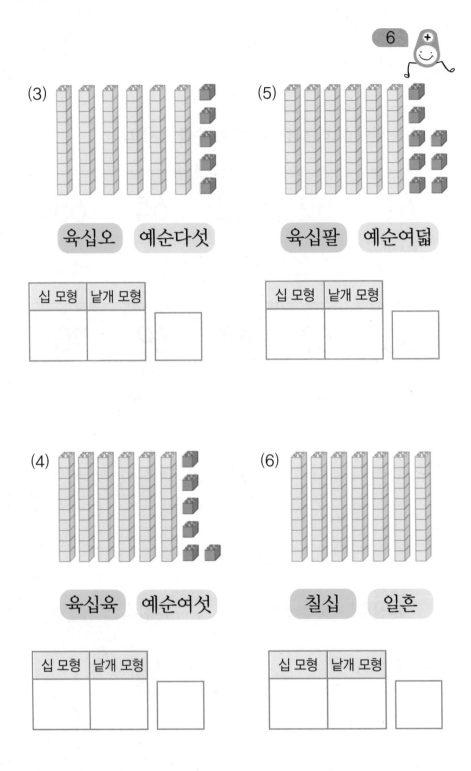

(3)

육십오   예순다섯

십 모형	낱개 모형	

(5)

육십팔   예순여덟

십 모형	낱개 모형	

(4)

육십육   예순여섯

십 모형	낱개 모형	

(6)

칠십   일흔

십 모형	낱개 모형	

● 수를 읽어 보고, 빈칸에 알맞은 수를 쓰세요.

71	72	73	74	75
칠십일, 일흔하나	칠십이, 일흔둘	칠십삼, 일흔셋	칠십사, 일흔넷	칠십오, 일흔다섯

76	77	78	79	80
칠십육, 일흔여섯	칠십칠, 일흔일곱	칠십팔, 일흔여덟	칠십구, 일흔아홉	팔십, 여든

(1)

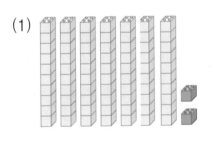

칠십이   일흔둘

십 모형	낱개 모형	

(2)

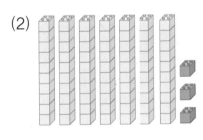

칠십삼   일흔셋

십 모형	낱개 모형	

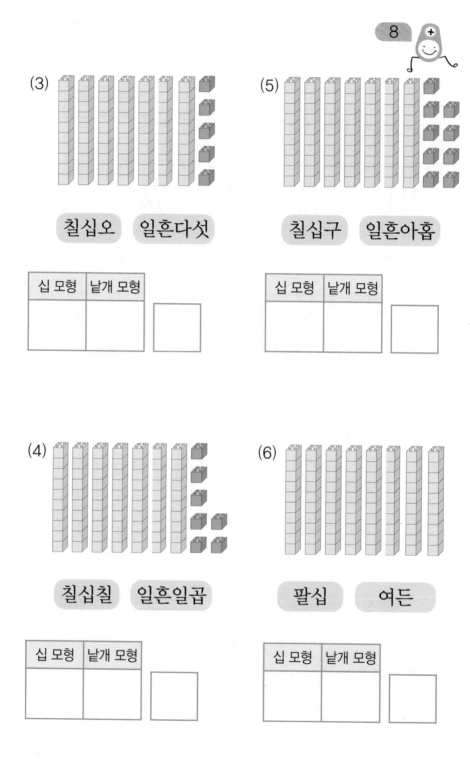

(3)

칠십오   일흔다섯

십 모형	낱개 모형

(5)

칠십구   일흔아홉

십 모형	낱개 모형

(4)

칠십칠   일흔일곱

십 모형	낱개 모형

(6)

팔십   여든

십 모형	낱개 모형

MA01 100까지의 수 (1)

● 빈칸에 알맞은 수를 쓰세요.

(1)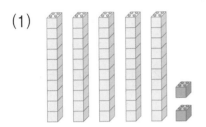

오십이 　쉰둘

십 모형	낱개 모형

(3)

오십팔 　쉰여덟

십 모형	낱개 모형

(2)

오십오 　쉰다섯

십 모형	낱개 모형

(4)

육십삼 　예순셋

십 모형	낱개 모형

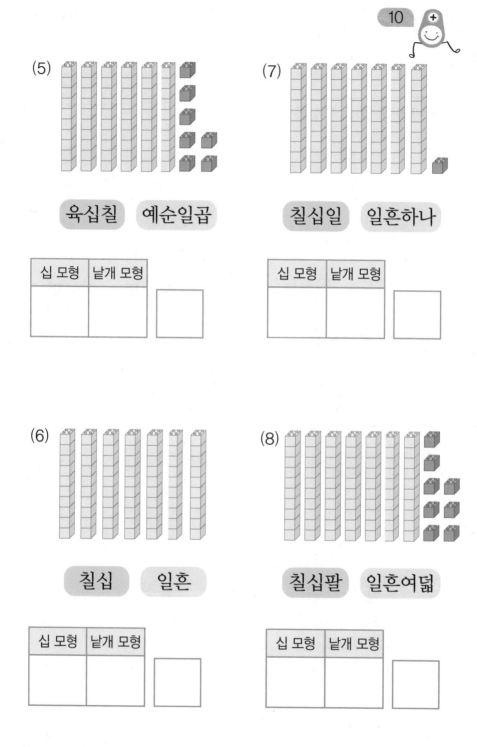

(5)

육십칠 예순일곱

십 모형	낱개 모형	

(7)

칠십일 일흔하나

십 모형	낱개 모형	

(6)

칠십 일흔

십 모형	낱개 모형	

(8)

칠십팔 일흔여덟

십 모형	낱개 모형	

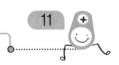
● 수를 읽어 보고, 빈칸에 알맞은 수를 쓰세요.

81	82	83	84	85
팔십일, 여든하나	팔십이, 여든둘	팔십삼, 여든셋	팔십사, 여든넷	팔십오, 여든다섯

86	87	88	89	90
팔십육, 여든여섯	팔십칠, 여든일곱	팔십팔, 여든여덟	팔십구, 여든아홉	구십, 아흔

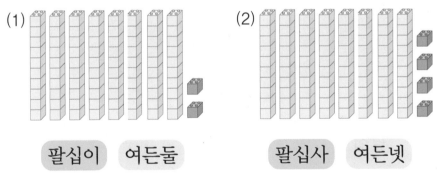

(1) 팔십이 여든둘

십 모형	낱개 모형	

(2) 팔십사 여든넷

십 모형	낱개 모형	

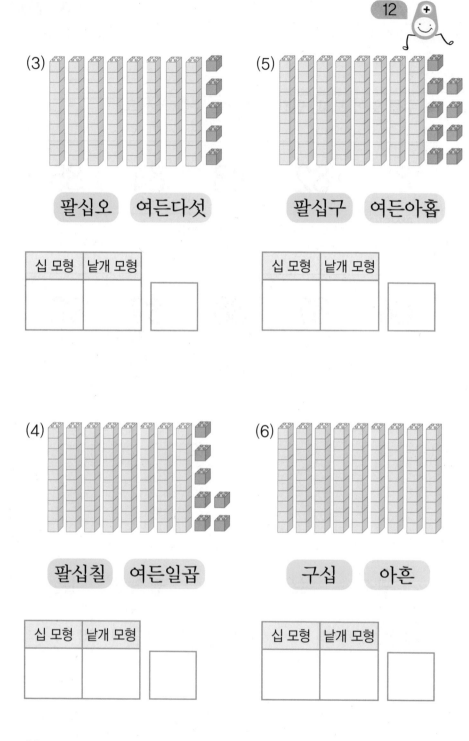

(3)

팔십오   여든다섯

십 모형	낱개 모형

(5)

팔십구   여든아홉

십 모형	낱개 모형

(4)

팔십칠   여든일곱

십 모형	낱개 모형

(6)

구십   아흔

십 모형	낱개 모형

MA01 100까지의 수 (1)

● 수를 읽어 보고, 빈칸에 알맞은 수를 쓰세요.

91	92	93	94	95
구십일, 아흔하나	구십이, 아흔둘	구십삼, 아흔셋	구십사, 아흔넷	구십오, 아흔다섯

96	97	98	99	100
구십육, 아흔여섯	구십칠, 아흔일곱	구십팔, 아흔여덟	구십구, 아흔아홉	백

(1)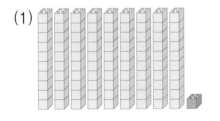

구십일 아흔하나

십 모형	낱개 모형	

(2)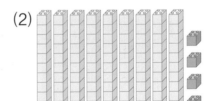

구십사 아흔넷

십 모형	낱개 모형	

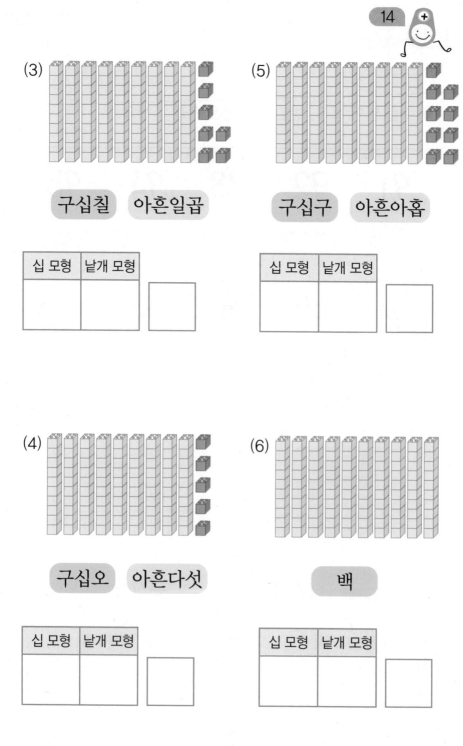

(3) 구십칠   아흔일곱

십 모형	낱개 모형	

(5) 구십구   아흔아홉

십 모형	낱개 모형	

(4) 구십오   아흔다섯

십 모형	낱개 모형	

(6) 백

십 모형	낱개 모형	

● 빈칸에 알맞은 수를 쓰세요.

(1)
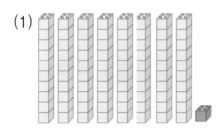

팔십일　여든하나

십 모형	낱개 모형	

(2)

팔십삼　여든셋

십 모형	낱개 모형	

(3)
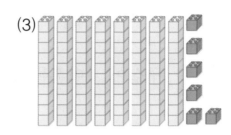

팔십육　여든여섯

십 모형	낱개 모형	

(4)
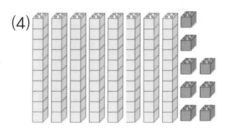

팔십팔　여든여덟

십 모형	낱개 모형	

(5)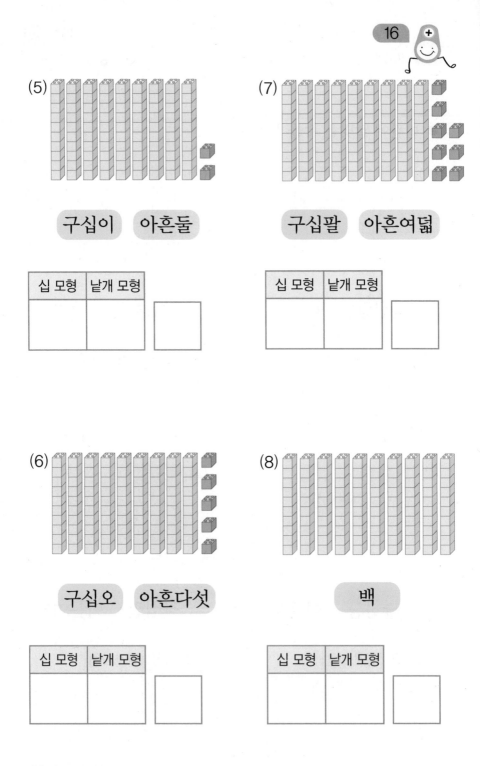

구십이　아흔둘

십 모형	낱개 모형	

(7)

구십팔　아흔여덟

십 모형	낱개 모형	

(6)

구십오　아흔다섯

십 모형	낱개 모형	

(8)

백

십 모형	낱개 모형	

MA01 100까지의 수 (1)

● 빈칸에 알맞은 수를 쓰세요.

(1)

1	2	3	4	5
6	7	8	9	10
11	12	13		
16	17		19	20
	22	23		25
26		28	29	30
31	32		34	35
	37	38	39	
41		43	44	
46	47		49	50

(2)

1		3	4	5
	7	8	9	
11		13	14	15
16	17	18		20
21			24	25
	27	28	29	30
31		33	34	
36	37		39	40
41	42	43		45
46		48	49	

MA01 100까지의 수 (1)

● 빈칸에 알맞은 수를 쓰세요.

(1)

51			53	54	
56	57			59	60

(2)

51	52				55
	57	58	59	60

(3)

	52	53	54	55
56		58		60

(4)

51	52	53		55
56		58	59	

(5)

51		53	54	55
	57	58		60

(6)

	52	53	54	
56	57		59	60

(7)

51	52			55
56	57	58	59	

MA01 100까지의 수 (1)

● 빈칸에 알맞은 수를 쓰세요.

(1)

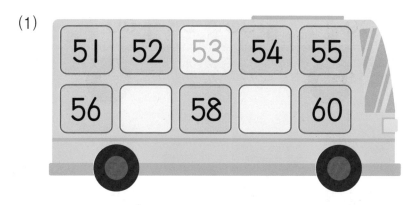

| 51 | 52 | 53 | 54 | 55 |
| 56 | | 58 | | 60 |

(2)

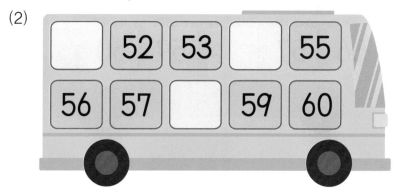

| | 52 | 53 | | 55 |
| 56 | 57 | | 59 | 60 |

(3)

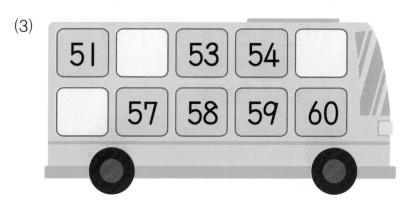

| 51 | | 53 | 54 | |
| | 57 | 58 | 59 | 60 |

(4)

| 51 | 52 | | | 55 |
| 56 | | 58 | 59 | 60 |

(5)

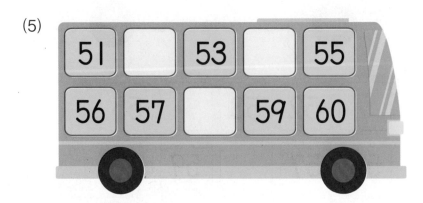

| 51 | | 53 | | 55 |
| 56 | 57 | | 59 | 60 |

(6)

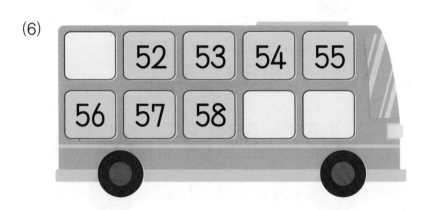

| | 52 | 53 | 54 | 55 |
| 56 | 57 | 58 | | |

● 빈칸에 알맞은 수를 쓰세요.

(1)

61			63	64	
66	67			69	70

(2)

61	62		64	
	67	68	69	70

(3)

	62	63	64	65
66		68		70

(4)

61	62	63		65
66		68		70

(5)

61		63	64	65
	67	68		70

(6)

61	62	63	64	
66			69	70

(7)

	62		64	65
66	67	68	69	

MA01 100까지의 수 (1)

● 빈칸에 알맞은 수를 쓰세요.

(1)

51	52			55
56		58	59	60

(2)

51		53		55
	57	58	59	60

(3)

	52	53	54	
56	57	58	59	

(4)

61		63	64	65
	67	68		70

(5)

	62	63		65
66		68	69	70

(6)

61	62		64	
66	67	68	69	

(7)

61	62	63		65
66			69	70

MA01 100까지의 수 (1)

● 빈칸에 알맞은 수를 쓰세요.

(1)

(2)

(3)

(4)

| 61 | 62 | 63 | | 65 |
| 66 | | | 69 | 70 |

(5)

| 61 | | 63 | | 65 |
| 66 | 67 | 68 | 69 | |

(6)

| | 62 | | 64 | 65 |
| 66 | 67 | 68 | | 70 |

MA01 100까지의 수 (1)

● 빈칸에 알맞은 수를 쓰세요.

(1)

71		73	74	
76	77		79	80

(2)

71	72		74	
	77	78	79	80

(3)

	72	73		75
76	77	78		80

(4)

71	72		74	75
76		78		80

(5)

71		73	74	75
	77	78		80

(6)

71	72	73	74	
76			79	80

(7)

	72	73	74	75
76	77	78		

MA01 100까지의 수 (1)

● 빈칸에 알맞은 수를 쓰세요.

(1)

| 71 | 72 | 73 | | 75 |
| 77 | | | 79 | 80 |

(2)

| | 72 | | 74 | 75 |
| 76 | | 78 | 79 | 80 |

(3)

| 71 | | 73 | 74 | |
| 76 | 77 | 78 | | 80 |

(4)

| 71 | 72 | 73 | | |
| 76 | 77 | 78 | 79 | |

(5)

| 71 | | 73 | | 75 |
| 76 | 77 | | 79 | 80 |

(6)

| | 72 | 73 | | 75 |
| 76 | | 78 | 79 | 80 |

MA01 100까지의 수 (1)

● 빈칸에 알맞은 수를 쓰세요.

(1)

51			53	54	
56	57			59	60

(2)

51	52		54	55
	57	58		60

(3)

	52	53		55
56	57	58	59	

(4)

61	62		64	65
	67	68		70

(5)

61		63	64	65
66			69	70

(6)

71	72	73		
76	77	78	79	

(7)

	72		74	75
76		78	79	80

MA01 100까지의 수 (1)

● 빈칸에 알맞은 수를 쓰세요.

(1)

60	59		57	56
	54	53		51

(2)

60		58	57	
55	54		52	51

(3)

	59	58		56
55		53	52	51

(4)

60	59	58	57	
55	54		52	

(5)

60		58		56
55	54	53		51

(6)

70	69		67	66
65		63		61

(7)

70		68		66
65	64		62	61

MA01 100까지의 수 (1)

● 빈칸에 알맞은 수를 쓰세요.

(1)

70			67	66
	64	63	62	61

(2)

	69	68	67	
65	64	63	62	

(3)

70	69		67	
65	64	63	62	

(4)

80		78	77	76
75	74			71

(5)

80	79		77	76
75		73	72	

(6)

80		78	77	
75	74	73		71

(7)

	79	78		76
	74	73	72	71

MA01 100까지의 수 (1)

● 빈칸에 알맞은 수를 쓰세요.

(1)

51		53		55
	57	58	59	
61	62		64	65
66		68		70
71	72		74	75
	77	78	79	

(2)

61		63		65
	67	68	69	70

(3)

80	79		77	76
	74	73		71
70		68	67	
65	64		62	61
	59	58		56
55		53	52	

(4)

60		58	57	
55	54		52	51

100까지의 수 (2)

2주차

요일	교재 번호	학습한 날짜		확인
1일차(월)	01~08	월	일	
2일차(화)	09~16	월	일	
3일차(수)	17~24	월	일	
4일차(목)	25~32	월	일	
5일차(금)	33~40	월	일	

● 빈칸에 알맞은 수를 쓰세요.

(1)

51		53	54	
56	57	58		60

(2)

51	52		54	55
	57	58	59	

(3)

	52	53		55
56		58	59	60

(4)

61	62			65
66	67	68		70

(5)

61		63	64	65
	67	68	69	

(6)

71	72		74	
76	77	78	79	

(7)

	72	73		75
76		78	79	80

● 빈칸에 알맞은 수를 쓰세요.

(1)

81		83	84	
86	87	88		90

(2)

81	82		84	85
	87	88	89	

(3)

	82	83		85
86		88	89	90

(4)

81	82	83	84	
86			89	90

(5)

81		83		85
86	87	88		90

(6)

	82		84	85
86		88	89	90

(7)

81	82	83		85
86	87		89	

● 빈칸에 알맞은 수를 쓰세요.

(1)

| 81 | | 83 | 84 | |
| 86 | 87 | | 89 | 90 |

(2)

| 81 | 82 | 83 | | 85 |
| | 87 | | 89 | 90 |

(3)

| | 82 | | 84 | 85 |
| 86 | | 88 | 89 | 90 |

(4)

| 81 | 82 | | | 85 |
| 86 | 87 | 88 | | 90 |

(5)

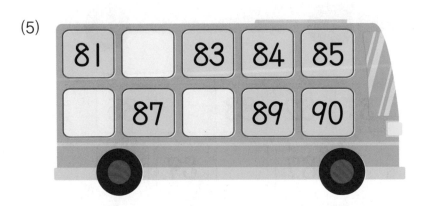

| 81 | | 83 | 84 | 85 |
| | 87 | | 89 | 90 |

(6)

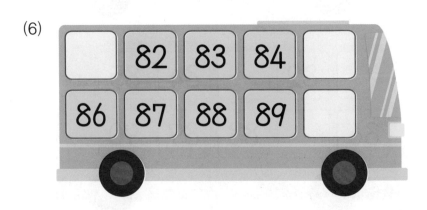

| | 82 | 83 | 84 | |
| 86 | 87 | 88 | 89 | |

● 빈칸에 알맞은 수를 쓰세요.

(1)

91	92		94	95
	97	98		100

(2)

91		93		95
96	97		99	100

(3)

	92	93	94	95
96		98	99	

(4)

91	92	93		95
	97		99	100

(5)

91		93	94	95
96		98	99	

(6)

91	92		94	
96	97	98		100

(7)

		93	94	95
96	97		99	100

MA02 100까지의 수 (2)

● 빈칸에 알맞은 수를 쓰세요.

(1)

81			83	84	
86	87			89	90

(2)

	82	83		85
86		88	89	90

(3)

81	82		84	85
	87	88		90

(4)

91	92	93		95
96	97			100

(5)

91		93	94	
96	97		99	100

(6)

91	92		94	95
	97	98	99	

(7)

	92	93		95
96		98	99	100

● 빈칸에 알맞은 수를 쓰세요.

(1)
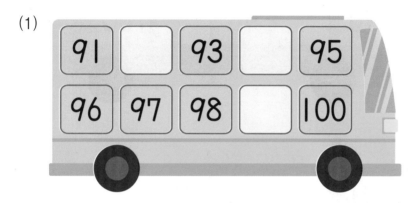

| 91 | | 93 | | 95 |
| 96 | 97 | 98 | | 100 |

(2)

| 91 | 92 | | 94 | |
| | 97 | 98 | 99 | 100 |

(3)

| | 92 | 93 | 94 | 95 |
| 96 | | | 99 | 100 |

(4)

| 91 | 92 | | 94 | 95 |
| 96 | | 98 | | 100 |

(5)

| 91 | | 93 | 94 | |
| 96 | 97 | 98 | 99 | |

(6)

| | 92 | | 94 | 95 |
| | 97 | 98 | 99 | 100 |

MA02 100까지의 수 (2)

● 빈칸에 알맞은 수를 쓰세요.

(1)
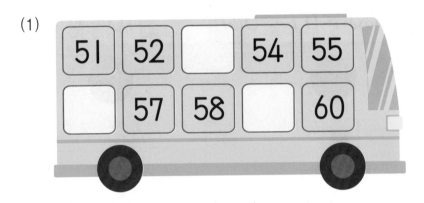

51	52		54	55
	57	58		60

(2)

	52	53		55
56		58	59	60

(3)

51		53	54	
56	57	58	59	

(4)

61		63		65
66	67	68		70

(5)

61	62		64	65
	67		69	70

(6)

71	72	73	74	
76			79	80

MA02 100까지의 수 (2)

● 빈칸에 알맞은 수를 쓰세요.

(1)

| 71 | 72 | 73 | 74 | 75 |
| 76 | 77 | 78 | 79 | 80 |

(2)

| 81 | 82 | 83 | 84 | 85 |
| 86 | 87 | 88 | 89 | 90 |

(3)

| 81 | 82 | 83 | 84 | 85 |
| 86 | 87 | 88 | 89 | 90 |

(4)

91	92		94	95
	97	98		100

(5)

91		93	94	
96	97		99	100

(6)

	92	93		95
96	97	98	99	

● 빈칸에 알맞은 수를 쓰세요.

(1)

51	52		54	55
	57	58	59	
61		63	64	65
66	67		69	
71	72	73		75
	77	78	79	80
81		83	84	85
86			89	90
91	92	93		95
	97		99	100

(2)

	52	53		55
56		58	59	60
61	62		64	65
66		68		70
	72		74	75
76	77		79	80
81	82	83		85
	87	88		90
91		93	94	95
96		98	99	100

MA02 100까지의 수 (2)

● 빈칸에 알맞은 수를 쓰세요.

(1)

90	89		87	86
	84	83		81

(2)

90		88	87	
85		83	82	81

(3)

	89	88		86
85	84		82	81

(4)

90	89	88		
85	84	83		81

(5)

90	89		87	86
85		83	82	

(6)

	89	88	87	
85	84		82	81

(7)

90		88	87	86
	84	83		81

MA02 100까지의 수 (2)

● 빈칸에 알맞은 수를 쓰세요.

(1)

100	99	98		96
	94		92	91

(2)

100		98	97	
95	94	93		91

(3)

	99		97	96
95		93	92	91

(4)

100	99	98	97	
95	94			91

(5)

100		98		96
95	94	93	92	

(6)

100	99		97	96
	94	93		91

(7)

		98	97	96
95	94		92	91

MA02 100까지의 수 (2)

● 빈칸에 알맞은 수를 쓰세요.

(1)

90	89		87	86
85		83	82	

(2)

	89	88		86
85	84		82	81

(3)

90		88	87	
	84	83	82	81

(4)

100		98	97	
95	94		92	91

(5)

100	99			96
	94	93	92	91

(6)

	99	98	97	96
95	94	93		

● 빈칸에 알맞은 수를 쓰세요.

(1)

51	52	53		55
56		58	59	60
	62	63		65
66		68	69	70
71	72		74	75
76		78	79	
81	82		84	85
	87	88		90
91		93	94	
96	97		99	

(2)

100	99		97	96
	94	93		91
90	89		87	
85		83	82	81
	79	78		76
75	74		72	71
70		68	67	66
65	64		62	61
60		58	57	
	54	53	52	

● 빈칸에 알맞은 수를 쓰세요.

(1)

51			53	54	
56	57			59	60

(2)

61	62		64	65
	67	68		70

(3)

	72	73		75
76		78	79	80

(4)

60	59	58		56
55			52	51

(5)

70	69		67	66
	64	63	62	

(6)

80		78	77	
75	74		72	71

(7)

	89	88		86
85		83	82	81

● 빈칸에 알맞은 수를 쓰세요.

(1)

| 61 | 62 | 63 | | |
| 66 | | 68 | 69 | 70 |

(2)

| 81 | | 83 | 84 | |
| 86 | 87 | | 89 | 90 |

(3)

| 91 | | 93 | | 95 |
| 96 | 97 | 98 | 99 | |

(4)

| 60 | | 58 | 57 | 56 |
| 55 | 54 | 53 | | |

(5)

| 90 | 89 | 88 | | 86 |
| 85 | | | 82 | 81 |

(6)

| 100 | | 98 | 97 | |
| 95 | 94 | 93 | 92 | |

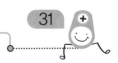

● 빈칸에 알맞은 수를 쓰세요.

(1)

51		53	54	55
	57		59	60

(2)

	72	73		75
76	77	78		80

(3)

91	92			95
96		98	99	100

(4)

| 70 | | 68 | 67 | |
| 65 | 64 | | 62 | 61 |

(5)

| | 79 | 78 | | 76 |
| 75 | | 73 | 72 | 71 |

(6)

| 90 | 89 | | 87 | 86 |
| | 84 | 83 | 82 | |

MA02 100까지의 수 (2)

● 빈 곳에 알맞은 수를 쓰세요.

(1)

(2)

(3)

(4)

(5)

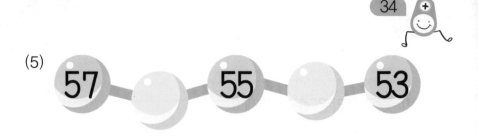

57 · · 55 · 53

(6)

63 62 · · 59

(7)

· 68 67 66 ·

(8)

75 · 73 72 ·

MA02 100까지의 수 (2)

● 빈 곳에 알맞은 수를 쓰세요.

(1)

(2)

(3)

(4)

(5)
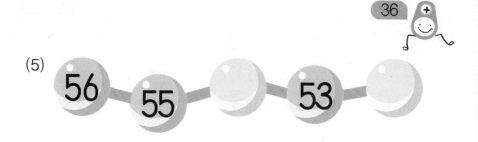

(6)
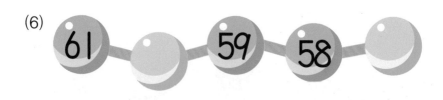

(7)

(8)

MA02 100까지의 수 (2)

● 빈 곳에 알맞은 수를 쓰세요.

(1)

74 ㅤ 76 ㅤ 78

(2)

80 81 ㅤ 83 ㅤ

(3)

87 ㅤ 89 90 ㅤ

(4)

ㅤ 97 98 99 ㅤ

(5)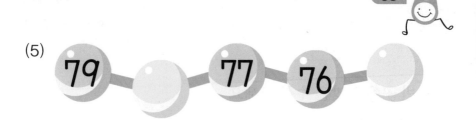

(6)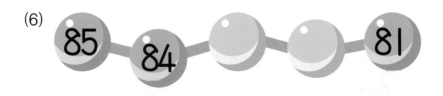

(7)

(8)

MA02 100까지의 수 (2)

● 빈 곳에 알맞은 수를 쓰세요.

(1)

(2)

(3)

(4)

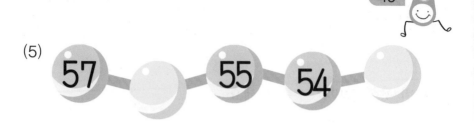

(5) 57 ○ 55 54 ○

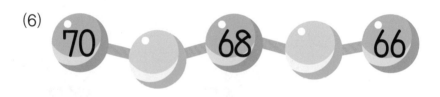

(6) 70 ○ 68 ○ 66

(7) 88 87 ○ ○ 84

(8) 96 ○ 94 ○ 92

100까지의 수 (3)

3주차

요일	교재 번호	학습한 날짜		확인
1일차(월)	01~08	월	일	
2일차(화)	09~16	월	일	
3일차(수)	17~24	월	일	
4일차(목)	25~32	월	일	
5일차(금)	33~40	월	일	

● 10씩 뛰어 세어 보세요.

(1)

10　20　30　40　50

(2)

60　70　　　90　100

(3)

5　　　25　35　45

(4)

　　65　75　　　95

(5)

(6)

(7)

(8)

MA03 100까지의 수 (3)

● 10씩 뛰어 세어 보세요.

(1)

3 13 ◯ 33 43

(2)

◯ 63 73 83 93

(3)

4 ◯ 24 34 44

(4)

◯ 64 74 ◯ 94

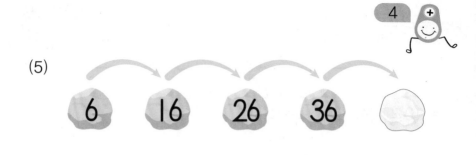

(5)

6　16　26　36　□

(6)

56　□　76　86　96

(7)

7　17　□　37　47

(8)

□　67　77　87　□

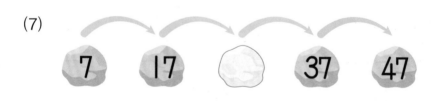

● 10씩 뛰어 세어 보세요.

(1)

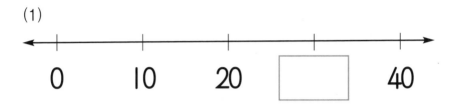

0   10   20   [ ]   40

(2)

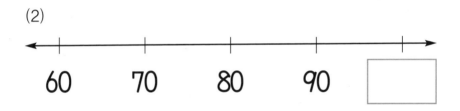

60   70   80   90   [ ]

(3)

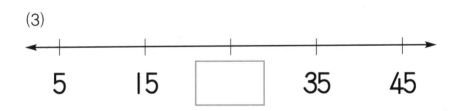

5   15   [ ]   35   45

(4)

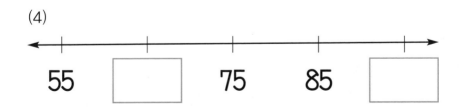

55   [ ]   75   85   [ ]

(5)

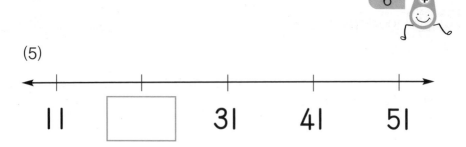

11   [   ]   31   41   51

(6)

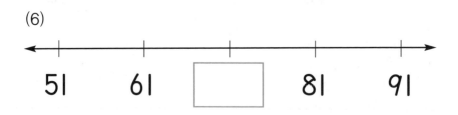

51   61   [   ]   81   91

(7)

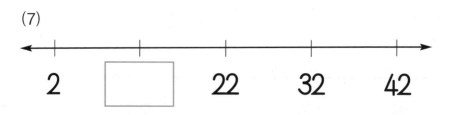

2   [   ]   22   32   42

(8)

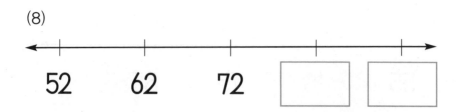

52   62   72   [   ]   [   ]

● 10씩 뛰어 세어 보세요.

(1)

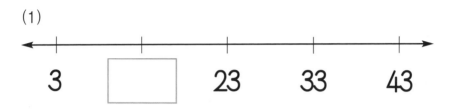

3 　□　 23　 33　 43

(2)

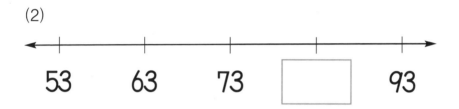

53　 63　 73　 □　 93

(3)

□　 14　 24　 34　 44

(4)

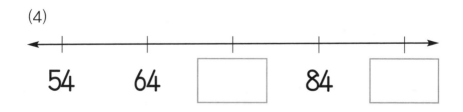

54　 64　 □　 84　 □

(5)

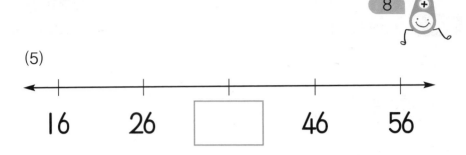

16   26   [ ]   46   56

(6)

27   37   47   [ ]   67

(7)

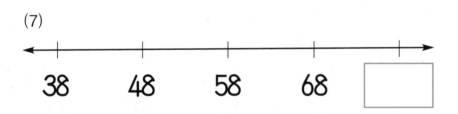

38   48   58   68   [ ]

(8)

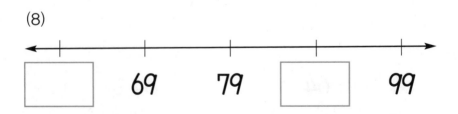

[ ]   69   79   [ ]   99

● 2씩 뛰어 세어 보세요.

(1)

2 4 6 ( ) 10

(2)

12 14 ( ) 18 20

(3)

22 ( ) 26 28 30

(4)

32 ( ) 36 38 ( )

(5)

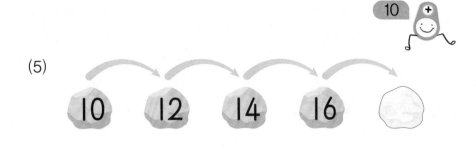

10   12   14   16

(6)

20   24   26   28

(7)

30   32   36   38

(8)

40   44   48

● 2씩 뛰어 세어 보세요.

(1)

14 16 ◯ 20 22

(2)

54 56 58 ◯ 62

(3)

26 ◯ 30 32 34

(4)

66 ◯ ◯ 72 74

(5)

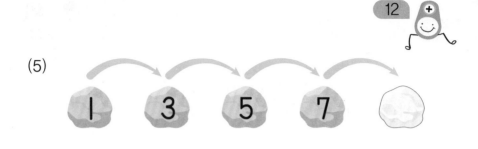

(6)

(7)

(8)

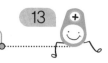
● 2씩 뛰어 세어 보세요.

(1)

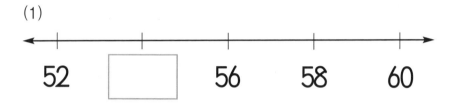

52 ☐ 56 58 60

(2)

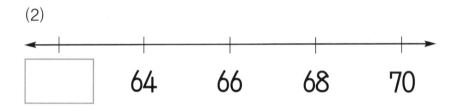

☐ 64 66 68 70

(3)

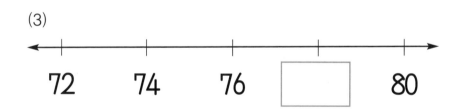

72 74 76 ☐ 80

(4)

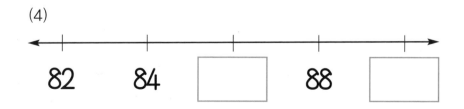

82 84 ☐ 88 ☐

(5)

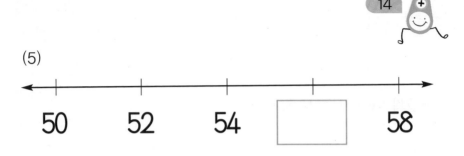

50   52   54   ☐   58

(6)

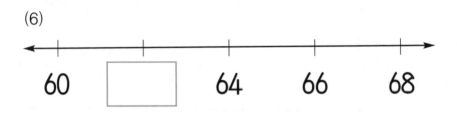

60   ☐   64   66   68

(7)

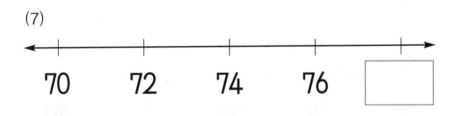

70   72   74   76   ☐

(8)

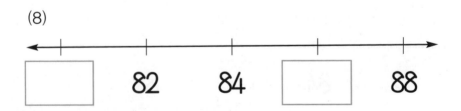

☐   82   84   ☐   88

● 2씩 뛰어 세어 보세요.

(1)

54　　　　　　58　　60　　62

(2)

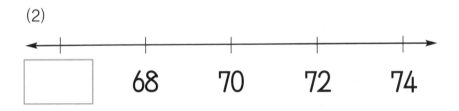

68　　70　　72　　74

(3)

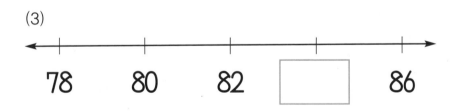

78　　80　　82　　　　86

(4)

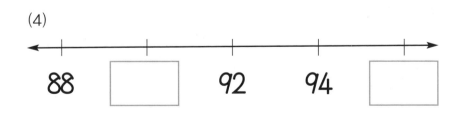

88　　　　92　　94

(5)

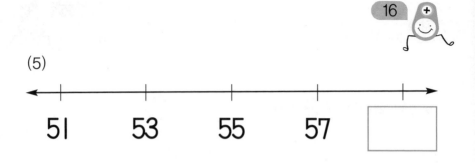

51   53   55   57   ☐

(6)

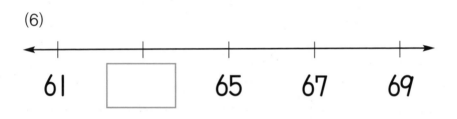

61   ☐   65   67   69

(7)

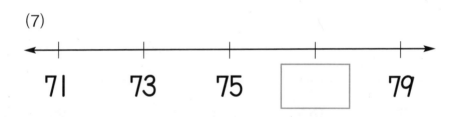

71   73   75   ☐   79

(8)

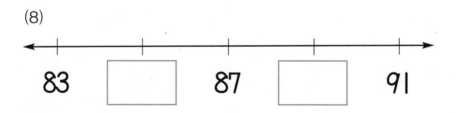

83   ☐   87   ☐   91

MA03 100까지의 수 (3)

● 5씩 뛰어 세어 보세요.

(1)

5 10 15 20 ( )

(2)

30 35 ( ) 45 50

(3)

55 ( ) 65 70 75

(4)

80 85 90 ( ) ( )

(5)

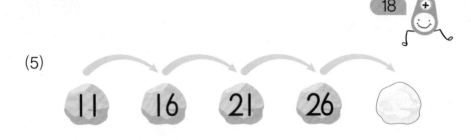

11　16　21　26　□

(6)

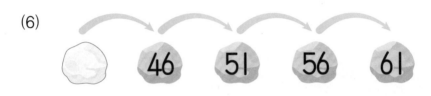

□　46　51　56　61

(7)

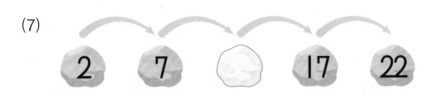

2　7　□　17　22

(8)

32　□　42　□　52

● **5씩 뛰어 세어 보세요.**

(1)

3　8　　　18　23

(2)

53　　　63　68　73

(3)

14　19　24　　　34

(4)

　　69　　　79　84

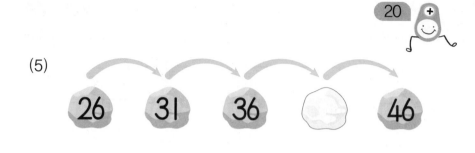

(5)

26　31　36　◯　46

(6)

◯　71　76　81　86

(7)

37　◯　47　52　57

(8)

77　◯　87　92　◯

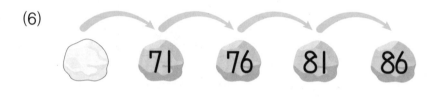

● 5씩 뛰어 세어 보세요.

(1)

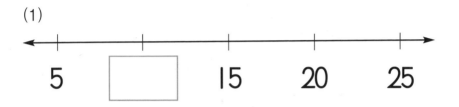

5 ☐ 15 20 25

(2)

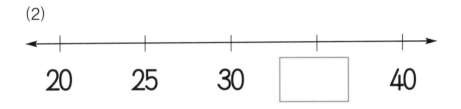

20 25 30 ☐ 40

(3)

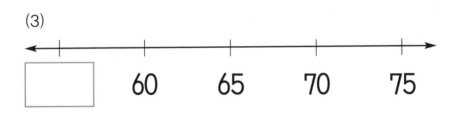

☐ 60 65 70 75

(4)

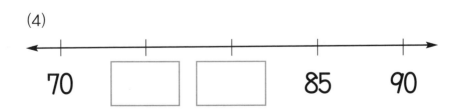

70 ☐ ☐ 85 90

(5)

21 26 [ ] 36 41

(6)

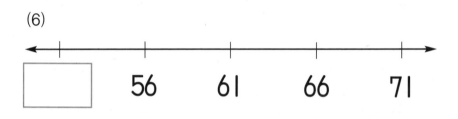

[ ] 56 61 66 71

(7)

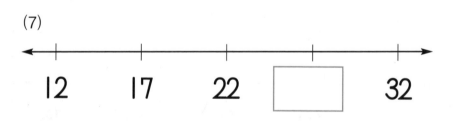

12 17 22 [ ] 32

(8)

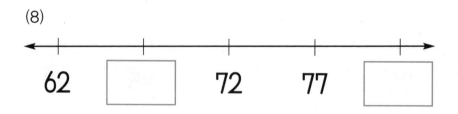

62 [ ] 72 77 [ ]

MA03 100까지의 수 (3)

● 5씩 뛰어 세어 보세요.

(1)

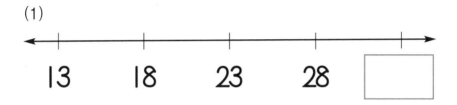

13   18   23   28

(2)

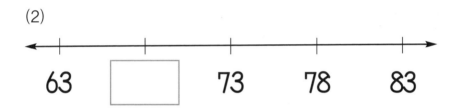

63   73   78   83

(3)

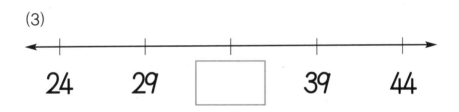

24   29   39   44

(4)

84   89   94

(5)

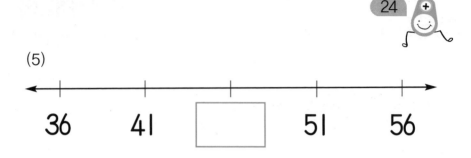

36   41   [ ]   51   56

(6)

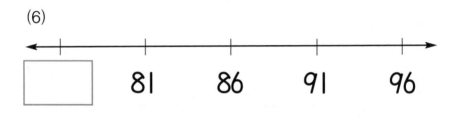

[ ]   81   86   91   96

(7)

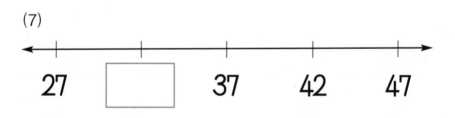

27   [ ]   37   42   47

(8)

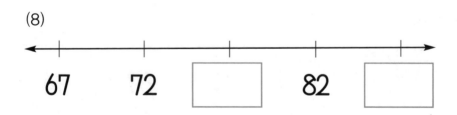

67   72   [ ]   82   [ ]

● 빈 곳에 알맞은 수를 쓰세요.

(1)

| 51 | 52 | | 54 | 55 |

(2)

| 66 | | 68 | 69 | 70 |

(3)

| 11 | 21 | 31 | | 51 |

(4)

| 51 | | 71 | 81 | |

(5)

55　56　　　58　59

(6)

　　62　63　64　65

(7)

12　22　32　　　52

(8)

　　62　72　　　92

● 빈 곳에 알맞은 수를 쓰세요.

(1)

52 | | 54 | 55 | 56

(2)

73 | 74 | | 76 | 77

(3)

| 13 | 23 | 33 | 43

(4)

53 | | 73 | | 93

(5)

| | 64 | 65 | 66 | 67 |

(6)

| 84 | | 86 | 87 | 88 |

(7)

| 4 | 14 | | 34 | 44 |

(8)

| | 64 | 74 | 84 | |

MA03 100까지의 수 (3)

● 빈 곳에 알맞은 수를 쓰세요.

(1) 54 [ ] 56 57 58

(2) [ ] 76 77 78 79

(3) 15 25 35 [ ] 55

(4) 55 [ ] 75 [ ] 95

(5)
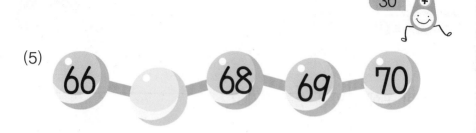

(6)

(7)
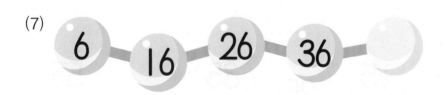

(8)
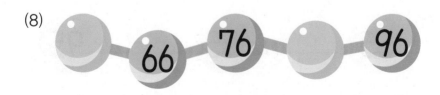

MA03 100까지의 수 (3)

● 빈 곳에 알맞은 수를 쓰세요.

(1)

77   78   ( )   80   81

(2)

( )   59   60   61   62

(3)

7   ( )   27   37   47

(4)

57   ( )   77   ( )   97

(5) 88 ◯ 90 91 92

(6) 69 70 71 ◯ 73

(7) ◯ 18 28 38 48

(8) 59 69 ◯ ◯ 99

● 빈 곳에 알맞은 수를 쓰세요.

(1)

| 52 | 54 | | 58 | 60 |

(2)

| | 64 | 66 | 68 | 70 |

(3)

| 50 | | 60 | 65 | 70 |

(4)

| 75 | | 85 | | 95 |

(5)

| 72 | | 76 | 78 | 80 |

(6)

| 82 | 84 | 86 | | 90 |

(7)

| 55 | 60 | 65 | 70 | |

(8)

| | 85 | 90 | 95 | |

128 한솔 완벽한 연산

MA03 100까지의 수 (3)

● 빈 곳에 알맞은 수를 쓰세요.

(1)

| | 52 | 54 | 56 | 58 |

(2)

| 60 | 62 | | 66 | 68 |

(3)

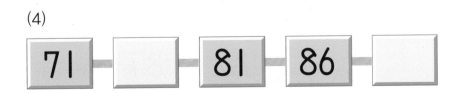

| 51 | 56 | 61 | | 71 |

(4)

| 71 | | 81 | 86 | |

(5)

70 | | 74 | 76 | 78

(6)

90 | 92 | 94 | | 98

(7)

| 57 | 62 | 67 | 72

(8)

| 77 | 82 | 87 |

37

● 빈 곳에 알맞은 수를 쓰세요.

(1)
54 — 56 — ( ) — 60 — 62

(2)
( ) — 76 — 78 — 80 — 82

(3)
53 — 58 — 63 — ( ) — 73

(4)
78 — ( ) — 88 — 93 — ( )

(5)

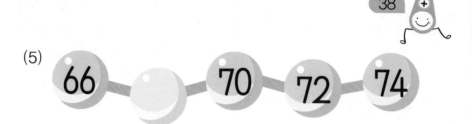

66　　　　70　72　74

(6)

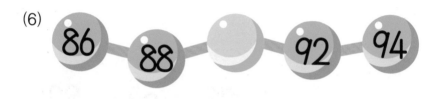

86　88　　　92　94

(7)

　　54　59　64　69

(8)

　　84　89　　　99

MA03 100까지의 수 (3)

● 빈 곳에 알맞은 수를 쓰세요.

(1) 58 60 □ 64 66

(2) 78 □ 82 84 86

(3) □ 51 56 61 66

(4) 76 81 □ 91 □

(5)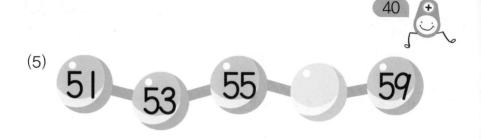
51 · 53 · 55 · □ · 59

(6)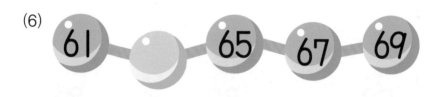
61 · □ · 65 · 67 · 69

(7)
47 · 52 · □ · 62 · 67

(8)
77 · □ · 87 · 92 · □

MA단계 5권

1000까지의 수

4주차

요일	교재 번호	학습한 날짜		확인
1일차(월)	01~08	월	일	
2일차(화)	09~16	월	일	
3일차(수)	17~24	월	일	
4일차(목)	25~32	월	일	
5일차(금)	33~40	월	일	

● 빈칸에 알맞은 수를 쓰세요.

(1)

50	51	52	53	54
55	56	57	58	59

(2)

60	61	62	63	64
65	66	67	68	69

(3)

80	79	78	77	
	74	73		71

(4)

90			87	86
85	84	83		

(5)

	52		54	55
56		58		

(6)

63	64	65	66	
68		70		72

(7)

95	94	93		91
90	89		87	

(8)

56			59	60
61	62	63		

(9)

77		75	74	
	71	70		68

(10)

79		81		83
84			87	

● 빈칸에 알맞은 수를 쓰세요.

(1)

100	101	102	103	104
105	106	107	108	109

(2)

180	179	178	177	176
175		173		171

(3)

210	211	212		
215	216		218	219

(4)

251		253	254	
256	257		259	260

(5)

290	289		287	
285		283		281

(6)

301	302	303		
306		308		310

(7)

390	389		387	
385	384			

(8)

245				249
	251	252	253	

(9)

	194			
198		200	201	

(10)

376		374	373	
			368	

● 빈칸에 알맞은 수를 쓰세요.

(1)

	401	402	403	
405	406	407	408	

(2)

430	429		427	
425	424	423		421

(3)

540	541		543	
545	546		548	549

(4)

	599	598		596
595	594		592	

(5)

660		662	663	664
	666		668	

6

(6)

690		688	687	
685	684			

(7)

417	418	419	420	
	423			

(8)

535		537		539
	541	542		

(9)

507	506		504	
502				

(10)

		696		698
			702	703

● 빈칸에 알맞은 수를 쓰세요.

(1)

700	701	702	703	704
	706		708	

(2)

811	812	813	814	
816		818		820

(3)

950	951			954
955	956		958	

(4)

	745			742
741	740	739	738	

(5)

895	894		892	891
890		888		

(6)

990		988	987	
	984	983		

(7)

		898		
901	902	903	904	

(8)

774	775			
	780	781		

(9)

853				857
858		860		

(10)

		969	970	
		974		976

● 빈칸에 알맞은 수를 쓰세요.

(1)

120	121		123	124
125		127		129

(2)

525	524			
520	519	518	517	516

(3)

	874		876	
878	879	880		882

(4)

321	320	319		
316			313	312

(5)

642		644		
	648		650	651

(6)

	971		973	974
975		977		

(7)

749	748		746	
	743		741	

(8)

306		304	303	
	300		298	

(9)

		558	559	
	562	563		

(10)

		473		475
476		478		

MA04 1000까지의 수

● 빈칸에 알맞은 수를 쓰세요.

(1)

217	218		220	
222	223	224		226

(2)

545	544	543		541
540		538	537	

(3)

804	805	806	807	
809				813

(4)

170	169	168		
	164		162	161

(5)

		674	675	
677	678			681

(6)

	793	794		796
	798	799		

(7)

331			328	327
		324		

(8)

			287	288
289		291		

(9)

919		921	922	
	925	926		928
929			932	933
	935	936	937	
	940			943

● 빈칸에 알맞은 수를 쓰세요.

240	241	242	243	244
245	246	247		249
250		252	253	
255		257	258	259
260	261			264
	266		268	269
		272	273	
275	276		278	
		282	283	284
285	286			

● 빈칸에 알맞은 수를 쓰세요.

815	814	813	812	811
810	809	808	807	
	804	803		801
		798	797	796
795	794		792	
	789	788		786
785		783		781
	779		777	776
775		773		771
770	769			

MA04 1000까지의 수

● 빈칸에 알맞은 수를 쓰세요.

	582	583		585
586		588	589	
591	592		594	595
	597	598		
601		603	604	
606		608	609	
	612			

● 빈칸에 알맞은 수를 쓰세요.

	428	427	426	
424		422		420
		417	416	415
	413		411	
409		407		405
	403	402	401	

MA04 1000까지의 수

● I씩 뛰어 세어 보세요.

(1)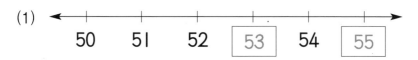

50　51　52　53　54　55

(2)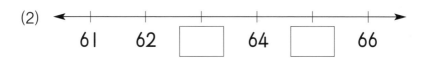

61　62　　　64　　　66

(3)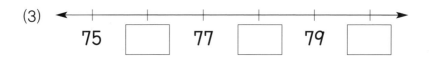

75　　　77　　　79

(4)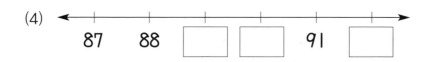

87　88　　　　　91

(5)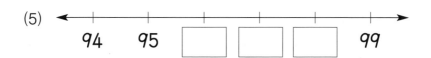

94　95　　　　　99

● 10씩 뛰어 세어 보세요.

(1)
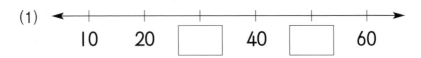

10 20 ☐ 40 ☐ 60

(2)
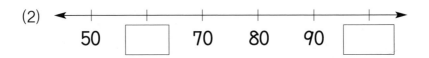

50 ☐ 70 80 90 ☐

(3)
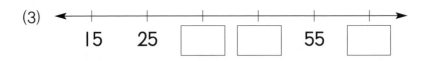

15 25 ☐ ☐ 55 ☐

(4)
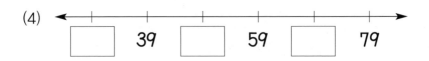

☐ 39 ☐ 59 ☐ 79

(5)
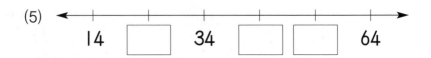

14 ☐ 34 ☐ ☐ 64

● 10씩 뛰어 세어 보세요.

(1)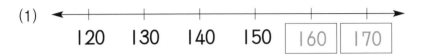

120 130 140 150 160 170

(2)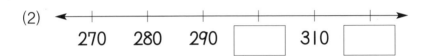

270 280 290 ☐ 310 ☐

(3)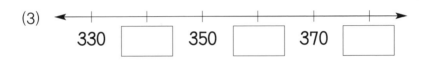

330 ☐ 350 ☐ 370 ☐

(4)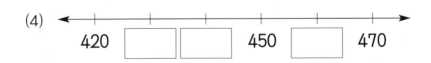

420 ☐ ☐ 450 ☐ 470

(5)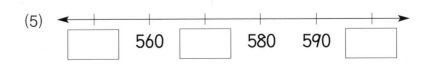

☐ 560 ☐ 580 590 ☐

(6)

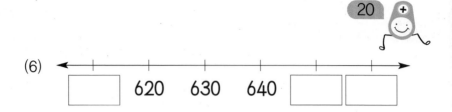

| | 620 | 630 | 640 | | |

(7)

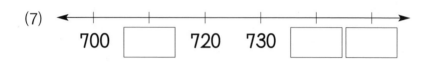

| 700 | | 720 | 730 | | |

(8)

| 840 | | | 870 | 880 | |

(9)

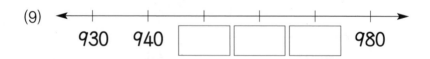

| 930 | 940 | | | | 980 |

(10)

| | 490 | | 510 | | 530 |

● 10씩 뛰어 세어 보세요.

(1)

324 334 344 354 ☐ ☐

(2)

608 618 ☐ 638 ☐ 658

(3)
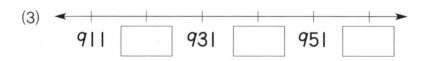

911 ☐ 931 ☐ 951 ☐

(4)
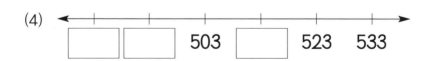

☐ ☐ 503 ☐ 523 533

(5)
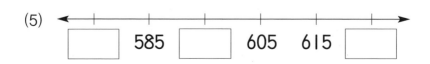

☐ 585 ☐ 605 615 ☐

(6)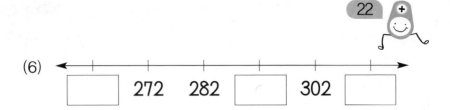

| | 272 | 282 | | 302 | |

(7)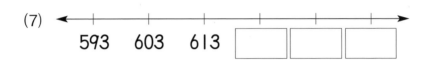

593　603　613

(8)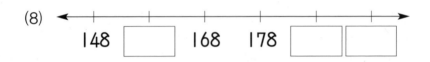

148　　168　178

(9)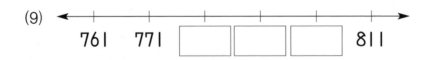

761　771　　　　　811

(10)

854　864　　884

● 100씩 뛰어 세어 보세요.

(1)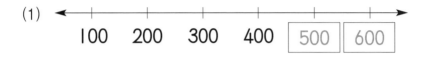

100 200 300 400 500 600

(2)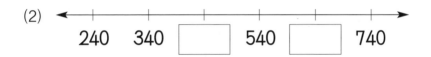

240 340 ☐ 540 ☐ 740

(3)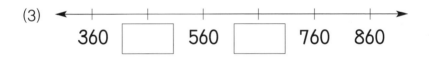

360 ☐ 560 ☐ 760 860

(4)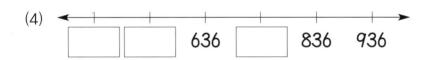

☐ ☐ 636 ☐ 836 936

(5)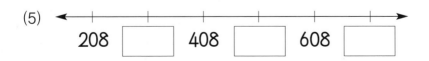

208 ☐ 408 ☐ 608 ☐

(6)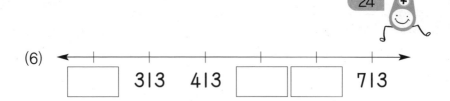

213 313 413 513 613 713

(7)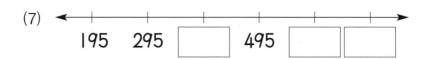

195 295 395 495 595 695

(8)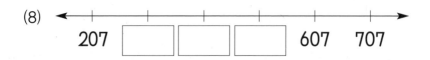

207 307 407 507 607 707

(9)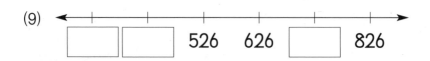

326 426 526 626 726 826

(10)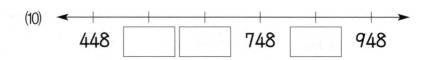

448 548 648 748 848 948

● 100씩 뛰어 세어 보세요.

(1)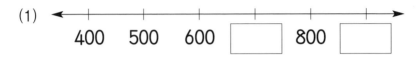

400　500　600　☐　800　☐

(2)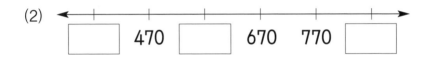

☐　470　☐　670　770　☐

(3)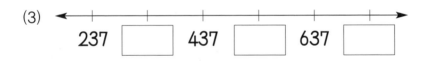

237　☐　437　☐　637　☐

(4)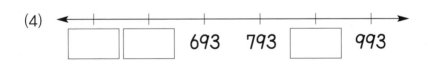

☐　☐　693　793　☐　993

(5)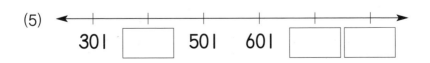

301　☐　501　601　☐　☐

(6)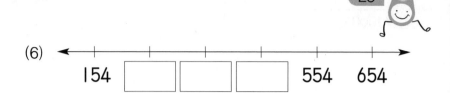

154 ☐ ☐ ☐ 554 654

(7)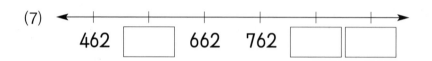

462 ☐ 662 762 ☐ ☐

(8)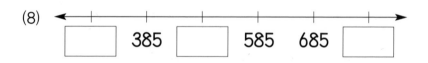

☐ 385 ☐ 585 685 ☐

(9)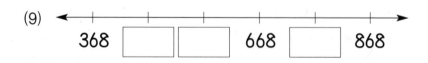

368 ☐ ☐ 668 ☐ 868

(10)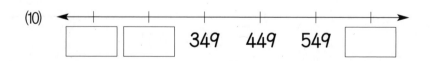

☐ ☐ 349 449 549 ☐

● 20씩 뛰어 세어 보세요.

(1)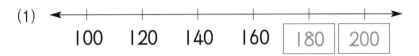

100 120 140 160 |180| |200|

(2)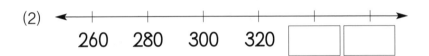

260 280 300 320 ☐ ☐

(3)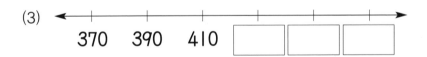

370 390 410 ☐ ☐ ☐

(4)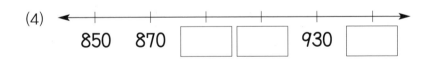

850 870 ☐ ☐ 930 ☐

(5)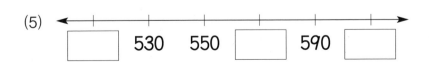

☐ 530 550 ☐ 590 ☐

(6)

413　433　453　□　□　□

(7)

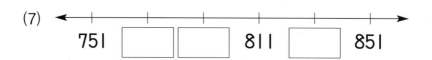

751　□　□　811　□　851

(8)

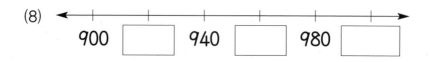

900　□　940　□　980　□

(9)

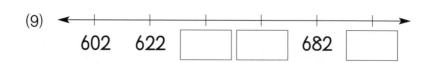

602　622　□　□　682　□

(10)

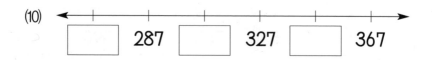

□　287　□　327　□　367

● **50씩 뛰어 세어 보세요.**

(1)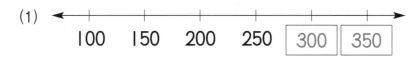

100 150 200 250 300 350

(2)

300 350 ☐ 450 ☐ 550

(3)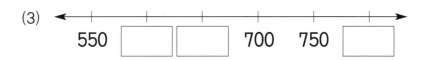

550 ☐ ☐ 700 750 ☐

(4)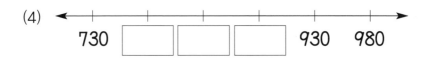

730 ☐ ☐ ☐ 930 980

(5)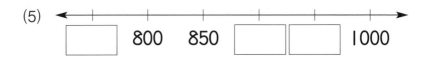

☐ 800 850 ☐ ☐ 1000

(6)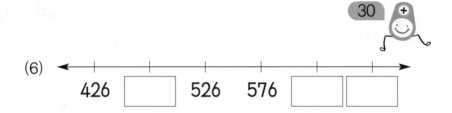

426　[　]　526　576　[　]　[　]

(7)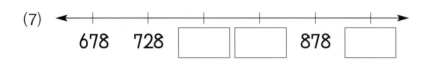

678　728　[　]　[　]　878　[　]

(8)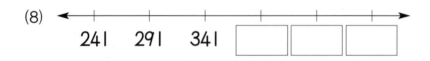

241　291　341　[　]　[　]　[　]

(9)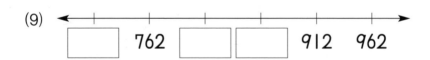

[　]　762　[　]　[　]　912　962

(10)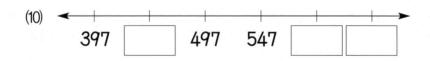

397　[　]　497　547　[　]　[　]

● 5씩 뛰어 세어 보세요.

(1)
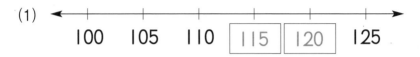

100　105　110　115　120　125

(2)
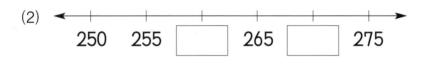

250　255　□　265　□　275

(3)
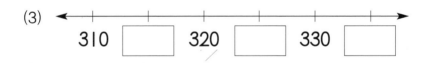

310　□　320　□　330　□

(4)
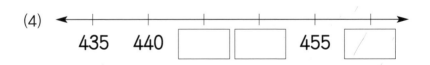

435　440　□　□　455　□

(5)
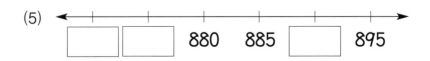

□　□　880　885　□　895

(6)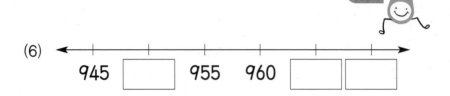

945 ▢ 955 960 ▢ ▢

(7)

521 526 ▢ 536 ▢ ▢

(8)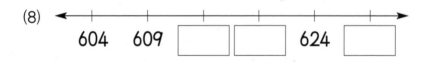

604 609 ▢ ▢ 624 ▢

(9)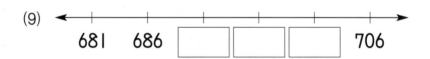

681 686 ▢ ▢ ▢ 706

(10)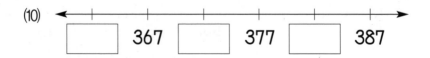

▢ 367 ▢ 377 ▢ 387

● 빈 곳에 알맞은 수를 쓰세요.

(1)

| 71 | 72 | 73 | | |

(2)

| 86 | 87 | | 89 | |

(3)

| 20 | 30 | | | 60 |

(4)

| | | 78 | 88 | |

(5)

| 68 | 69 | | | |

(6)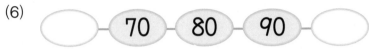

(60) 70 80 90 (100)

(7)

(12) 22 32 (42) 52

(8)

(58) (59) 60 61 (62)

(9)

(89) (90) (91) 92 93

(10)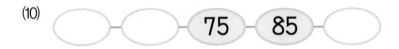

(55) (65) 75 85 (95)

(11) 96 97 (98) (99) (100)

MA04 1000까지의 수

● 빈 곳에 알맞은 수를 쓰세요.

(1) 208 – 209 – ⬚ – 211 – ⬚

(2) 716 – 717 – 718 – ⬚ – ⬚

(3) 572 – ⬚ – ⬚ – 602 – 612

(4) ⬚ – 395 – 396 – ⬚ – ⬚

(5) ⬚ – ⬚ – 933 – 943 – ⬚

36

(6) 164 — 264 — ⬭ — 464 — ⬭

(7) 208 — ⬭ — 408 — 508 — ⬭

(8) 370 — 420 — 470 — ⬭ — ⬭

(9) ⬭ — 257 — 357 — ⬭ — ⬭

(10) ⬭ — 608 — 658 — ⬭ — ⬭

(11) 493 — 543 — ⬭ — ⬭ — ⬭

MA04 1000까지의 수

● 빈 곳에 알맞은 수를 쓰세요.

(1) 100 – 110 – 120 – ☐ – ☐

(2) 206 – ☐ – 226 – 236 – ☐

(3) ☐ – 316 – 416 – ☐ – 616

(4) ☐ – ☐ – 630 – 730 – ☐

(5) 896 – 897 – ☐ – ☐ – ☐

(6) 210 — ◯ — 220 — 225 — ◯

(7) 475 — 480 — ◯ — ◯ — 495

(8) 680 — ◯ — ◯ — 695 — 700

(9) ◯ — ◯ — ◯ — 459 — 509

(10) ◯ — 767 — 817 — ◯ — ◯

(11) ◯ — ◯ — 592 — 642 — ◯

● 빈 곳에 알맞은 수를 쓰세요.

(1)

| 307 | 308 | | 310 | |

(2)

| 548 | | 568 | 578 | |

(3)

| | 417 | 517 | 617 | |

(4)

| 983 | 984 | | | |

(5)

| | 666 | 671 | | |

(6) 403 – 453 – 503 – ◯ – ◯

(7) 915 – 920 – ◯ – 930 – ◯

(8) ◯ – 786 – 791 – ◯ – 801

(9) 390 – 440 – ◯ – ◯ – ◯

(10) ◯ – 910 – 930 – ◯ – ◯

(11) ◯ – ◯ – 239 – 244 – ◯

학교 연산 대비하자

연산 UP

● 빈칸에 알맞은 수를 쓰세요.

(1)

51			54	
56			59	

(2)

61		63		65
		68		

(3)

	67		69	
		73		75

(4)

71			74	
	77			80

(5)

	77		79	
81		83		

(6)

		83		85
	87		89	

(7)

86		88		90
		93		

(8)

	92		94	
96				100

● 빈칸에 알맞은 수를 쓰세요.

(1)

46		48		
	52		54	
56		58		

(2)

51				55
	57		59	
		63		65

(3)

	57		59	
61		63		
	67		69	

(4)

56		58		
	62		64	
		68		70

(5)

61		63		
	67			70
71		73		

(6)

66				70
	72			75
	77		79	

● 빈칸에 알맞은 수를 쓰세요.

(1)

71			74	
	77			80
81			84	

(2)

		78		
81				85
86		88		90

(3)

	82		84	
86		88		
	92		94	

6

(4)

	82			
86	87	88		90
	92			

(5)

	87		89	
91		93		95
		98		

(6)

86				90
	92		94	
96				100

연산 UP

● 빈 곳에 알맞은 수를 쓰세요.

(1)

51 □ □ 54 □

(2)

□ 54 55 □ □

(3)

□ 58 □ □ 61

(4)

59 □ □ □ 63

(5)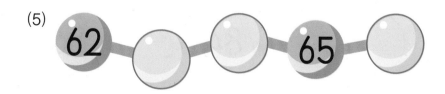

62 □ □ 65 □

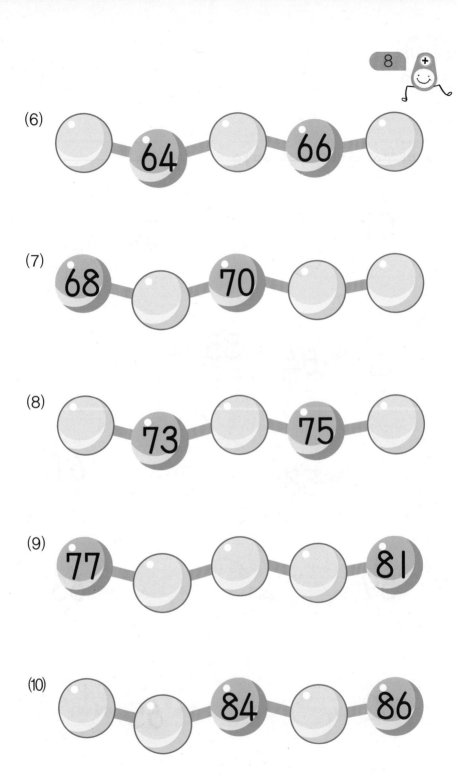

(6)　　　　64　　　　66

(7)　68　　　　70

(8)　　　　73　　　　75

(9)　77　　　　　　　81

(10)　　　　84　　　　86

연산 UP
9

● 빈 곳에 알맞은 수를 쓰세요.

(1)

(2)

(3)

(4)

(5)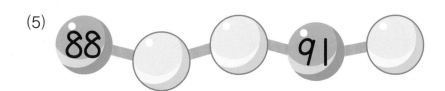

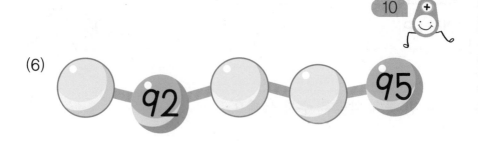

(6)

 92 ___ ___ 95

(7)

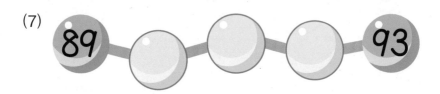 89 ___ ___ ___ 93

(8)

 ___ 95 ___ 97 ___

(9)

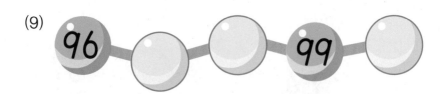 96 ___ ___ 99 ___

(10)

 ___ 97 ___ ___ 100

● 빈 곳에 알맞은 수를 쓰세요.

(1)

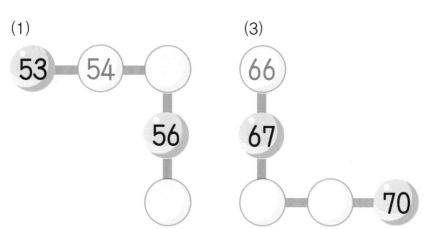

(3)

(2)

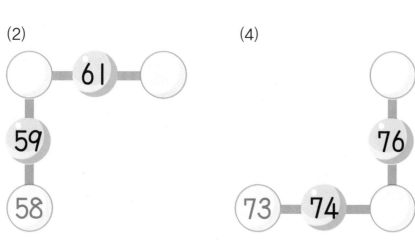

(4)

(5)

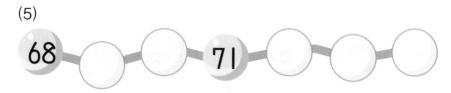

(6)

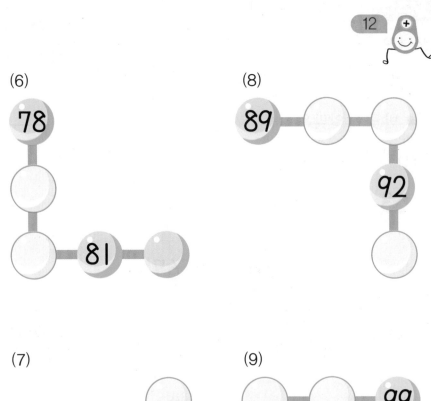

(8)

(7)

(9)

(10)

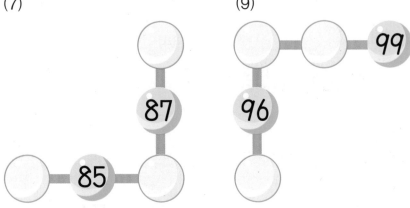

● 빈칸에 알맞은 수를 쓰세요.

(1)

1 작은 수 · 49 · 1 큰 수

(2)

1 작은 수 · 53 · 1 큰 수

(3)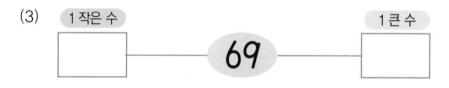

1 작은 수 · 69 · 1 큰 수

(4)

1 작은 수 · 75 · 1 큰 수

(5)

1 작은 수 · 79 · 1 큰 수

(6)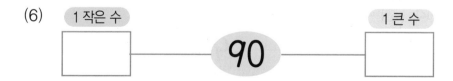

1 작은 수 · 90 · 1 큰 수

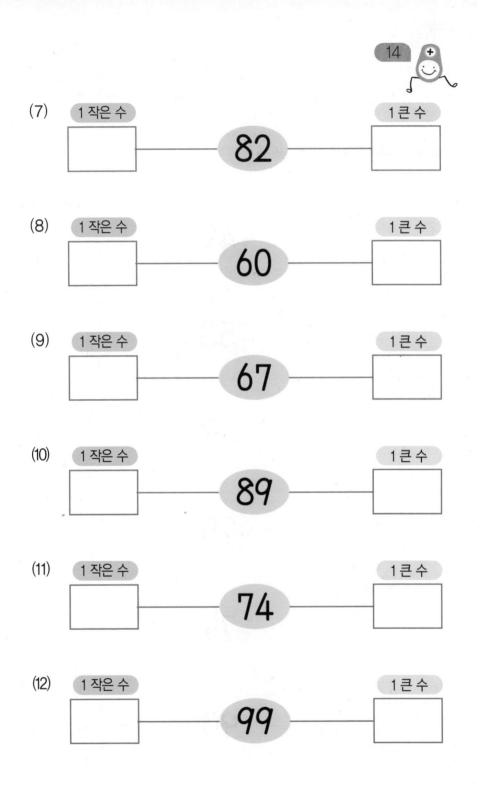

(7) 1 작은 수 [ ] 82 1 큰 수 [ ]

(8) 1 작은 수 [ ] 60 1 큰 수 [ ]

(9) 1 작은 수 [ ] 67 1 큰 수 [ ]

(10) 1 작은 수 [ ] 89 1 큰 수 [ ]

(11) 1 작은 수 [ ] 74 1 큰 수 [ ]

(12) 1 작은 수 [ ] 99 1 큰 수 [ ]

● 가장 큰 수에 ○를, 가장 작은 수에 △를 하세요.

(1)
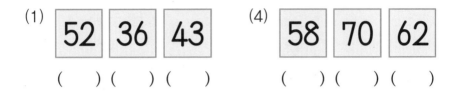

| 52 | 36 | 43 |

( ) ( ) ( )

(4)

| 58 | 70 | 62 |

( ) ( ) ( )

(2)
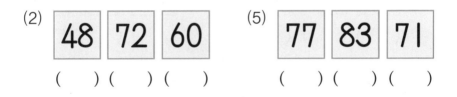

| 48 | 72 | 60 |

( ) ( ) ( )

(5)

| 77 | 83 | 71 |

( ) ( ) ( )

(3)

| 59 | 87 | 95 |

( ) ( ) ( )

(6)

| 69 | 74 | 58 |

( ) ( ) ( )

(7)

68	90	73

( ) ( ) ( )

(10)

84	92	77

( ) ( ) ( )

(8)

82	86	91

( ) ( ) ( )

(11)

69	75	83

( ) ( ) ( )

(9)

81	92	68

( ) ( ) ( )

(12)

94	89	90

( ) ( ) ( )

정 답

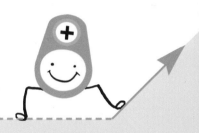

1주차	197
2주차	198
3주차	200
4주차	201
연산 UP	207

1	2	3	4	5	6	7	8
(1) 1, 1, 11 (2) 1, 4, 14 (3) 2, 2, 22 (4) 3, 0, 30	(5) 3, 8, 38 (6) 4, 0, 40 (7) 4, 5, 45 (8) 5, 0, 50	(1) 5, 1, 51 (2) 5, 3, 53	(3) 5, 6, 56 (4) 5, 7, 57 (5) 5, 9, 59 (6) 6, 0, 60	(1) 6, 1, 61 (2) 6, 4, 64	(3) 6, 5, 65 (4) 6, 6, 66 (5) 6, 8, 68 (6) 7, 0, 70	(1) 7, 2, 72 (2) 7, 3, 73	(3) 7, 5, 75 (4) 7, 7, 77 (5) 7, 9, 79 (6) 8, 0, 80

9	10	11	12	13	14	15	16
(1) 5, 2, 52 (2) 5, 5, 55 (3) 5, 8, 58 (4) 6, 3, 63	(5) 6, 7, 67 (6) 7, 0, 70 (7) 7, 1, 71 (8) 7, 8, 78	(1) 8, 2, 82 (2) 8, 4, 84	(3) 8, 5, 85 (4) 8, 7, 87 (5) 8, 9, 89 (6) 9, 0, 90	(1) 9, 1, 91 (2) 9, 4, 94	(3) 9, 7, 97 (4) 9, 5, 95 (5) 9, 9, 99 (6) 10, 0, 100	(1) 8, 1, 81 (2) 8, 3, 83 (3) 8, 6, 86 (4) 8, 8, 88	(5) 9, 2, 92 (6) 9, 5, 95 (7) 9, 8, 98 (8) 10, 0, 100

17	18	19	20	21	22	23	24
(1) 3, 7, 14, 15, 18, 21, 24, 27, 33, 36, 40, 42, 45, 48	(2) 2, 6, 10, 12, 19, 22, 23, 26, 32, 35, 38, 44, 47, 50	(1) 52, 55, 58 (2) 53, 54, 56 (3) 51, 57, 59	(4) 54, 57, 60 (5) 52, 56, 59 (6) 51, 55, 58 (7) 53, 54, 60	(1) 53, 57, 59 (2) 51, 54, 58 (3) 52, 55, 56	(4) 53, 54, 57 (5) 52, 54, 58 (6) 51, 59, 60	(1) 62, 65, 68 (2) 63, 65, 66 (3) 61, 67, 69	(4) 64, 67, 69 (5) 62, 66, 69 (6) 65, 67, 68 (7) 61, 63, 70

25	26	27	28	29	30	31	32
(1) 53, 54, 57 (2) 52, 54, 56 (3) 51, 55, 60	(4) 62, 66, 69 (5) 61, 64, 67 (6) 63, 65, 70 (7) 64, 67, 68	(1) 63, 66, 67 (2) 62, 65, 68 (3) 61, 64, 69	(4) 64, 67, 68 (5) 62, 64, 70 (6) 61, 63, 69	(1) 72, 75, 78 (2) 73, 75, 76 (3) 71, 74, 79	(4) 73, 77, 79 (5) 72, 76, 79 (6) 75, 77, 78 (7) 71, 79, 80	(1) 74, 76, 78 (2) 71, 73, 77 (3) 72, 75, 79	(4) 74, 75, 80 (5) 72, 74, 78 (6) 71, 74, 77

MA01

33	35	37	39
(1) 52, 55, 58	(1) 58, 55, 52	(1) 69, 68, 65	(1) 52, 54, 56, 60, 63, 67, 69, 73, 76, 80
(2) 53, 56, 59	(2) 59, 56, 53	(2) 70, 66, 61	
(3) 51, 54, 60	(3) 60, 57, 54	(3) 68, 66, 61	(2) 62, 64, 66

34	36	38	40
(4) 63, 66, 69	(4) 56, 53, 51	(4) 79, 73, 72	(3) 78, 75, 72, 69, 66, 63, 60, 57, 54, 51
(5) 62, 67, 68	(5) 59, 57, 52	(5) 78, 74, 71	
(6) 74, 75, 80	(6) 68, 64, 62	(6) 79, 76, 72	(4) 59, 56, 53
(7) 71, 73, 77	(7) 69, 67, 63	(7) 80, 77, 75	

MA02

1	3	5	7
(1) 52, 55, 59	(1) 82, 85, 89	(1) 82, 85, 88	(1) 93, 96, 99
(2) 53, 56, 60	(2) 83, 86, 90	(2) 84, 86, 88	(2) 92, 94, 98
(3) 51, 54, 57	(3) 81, 84, 87	(3) 81, 83, 87	(3) 91, 97, 100

2	4	6	8
(4) 63, 64, 69	(4) 85, 87, 88	(4) 83, 84, 89	(4) 94, 96, 98
(5) 62, 66, 70	(5) 82, 84, 89	(5) 82, 86, 88	(5) 92, 97, 100
(6) 73, 75, 80	(6) 81, 83, 87	(6) 81, 85, 90	(6) 93, 95, 99
(7) 71, 74, 77	(7) 84, 88, 90		(7) 91, 92, 98

9	10	11	12	13	14	15	16
(1) 82, 85, 88 (2) 81, 84, 87 (3) 83, 86, 89	(4) 94, 98, 99 (5) 92, 95, 98 (6) 93, 96, 100 (7) 91, 94, 97	(1) 92, 94, 99 (2) 93, 95, 96 (3) 91, 97, 98	(4) 93, 97, 99 (5) 92, 95, 100 (6) 91, 93, 96	(1) 53, 56, 59 (2) 51, 54, 57 (3) 52, 55, 60	(4) 62, 64, 69 (5) 63, 66, 68 (6) 75, 77, 78	(1) 71, 73, 79 (2) 82, 85, 88 (3) 83, 86, 90	(4) 93, 96, 99 (5) 92, 95, 98 (6) 91, 94, 100

17	18	19	20	21	22	23	24
(1) 53, 56, 60, 62, 68, 70, 74, 76, 82, 87, 88, 94, 96, 98	(2) 51, 54, 57, 63, 67, 69, 71, 73, 78, 84, 86, 89, 92, 97	(1) 88, 85, 82 (2) 89, 86, 84 (3) 90, 87, 83	(4) 87, 86, 82 (5) 88, 84, 81 (6) 90, 86, 83 (7) 89, 85, 82	(1) 97, 95, 93 (2) 99, 96, 92 (3) 100, 98, 94	(4) 96, 93, 92 (5) 99, 97, 91 (6) 98, 95, 92 (7) 100, 99, 93	(1) 88, 84, 81 (2) 90, 87, 83 (3) 89, 86, 85	(4) 99, 96, 93 (5) 98, 97, 95 (6) 100, 92, 91

25	26	27	28	29	30	31	32
(1) 54, 57, 61, 64, 67, 73, 77, 80, 83, 86, 89, 92, 95, 98, 100	(2) 98, 95, 92, 88, 86, 84, 80, 77, 73, 69, 63, 59, 56, 55, 51	(1) 52, 55, 58 (2) 63, 66, 69 (3) 71, 74, 77	(4) 57, 54, 53 (5) 68, 65, 61 (6) 79, 76, 73 (7) 90, 87, 84	(1) 64, 65, 67 (2) 82, 85, 88 (3) 92, 94, 100	(4) 59, 52, 51 (5) 87, 84, 83 (6) 99, 96, 91	(1) 52, 56, 58 (2) 71, 74, 79 (3) 93, 94, 97	(4) 69, 66, 63 (5) 80, 77, 74 (6) 88, 85, 81

33	34	35	36	37	38	39	40
(1) 52, 54 (2) 58, 60 (3) 62, 65 (4) 67, 70	(5) 56, 54 (6) 61, 60 (7) 69, 65 (8) 74, 71	(1) 51, 53 (2) 58, 60 (3) 65, 66 (4) 69, 72	(5) 54, 52 (6) 60, 57 (7) 71, 70 (8) 78, 75	(1) 75, 77 (2) 82, 84 (3) 88, 91 (4) 96, 100	(5) 78, 75 (6) 83, 82 (7) 89, 88 (8) 96, 94	(1) 55, 57 (2) 63, 66 (3) 76, 79 (4) 86, 90	(5) 56, 53 (6) 69, 67 (7) 86, 85 (8) 95, 93

1	2	3	4	5	6	7	8
(1) 50	(5) 41	(1) 23	(5) 46	(1) 30	(5) 21	(1) 13	(5) 36
(2) 80	(6) 61	(2) 53	(6) 66	(2) 100	(6) 71	(2) 83	(6) 57
(3) 15	(7) 22	(3) 14	(7) 27	(3) 25	(7) 12	(3) 4	(7) 78
(4) 55, 85	(8) 62, 82	(4) 54, 84	(8) 57, 97	(4) 65, 95	(8) 82, 92	(4) 74, 94	(8) 59, 89

9	10	11	12	13	14	15	16
(1) 8	(5) 18	(1) 18	(5) 9	(1) 54	(5) 56	(1) 56	(5) 59
(2) 16	(6) 22	(2) 60	(6) 15	(2) 62	(6) 62	(2) 66	(6) 63
(3) 24	(7) 34	(3) 28	(7) 31	(3) 78	(7) 78	(3) 84	(7) 77
(4) 34, 40	(8) 42, 46	(4) 68, 70	(8) 43, 51	(4) 86, 90	(8) 80, 86	(4) 90, 96	(8) 85, 89

17	18	19	20	21	22	23	24
(1) 25	(5) 31	(1) 13	(5) 41	(1) 10	(5) 31	(1) 33	(5) 46
(2) 40	(6) 41	(2) 58	(6) 66	(2) 35	(6) 51	(2) 68	(6) 76
(3) 60	(7) 12	(3) 29	(7) 42	(3) 55	(7) 27	(3) 34	(7) 32
(4) 95, 100	(8) 37, 47	(4) 64, 74	(8) 82, 97	(4) 75, 80	(8) 67, 82	(4) 74, 79	(8) 77, 87

25	26	27	28	29	30	31	32
(1) 53	(5) 57	(1) 53	(5) 63	(1) 55	(5) 67	(1) 79	(5) 89
(2) 67	(6) 61	(2) 75	(6) 85	(2) 75	(6) 89	(2) 58	(6) 72
(3) 41	(7) 42	(3) 3	(7) 24	(3) 45	(7) 46	(3) 17	(7) 8
(4) 61, 91	(8) 52, 82	(4) 63, 83	(8) 54, 94	(4) 65, 85	(8) 56, 86	(4) 67, 87	(8) 79, 89

33	34	35	36	37	38	39	40
(1) 56	(5) 74	(1) 50	(5) 72	(1) 58	(5) 68	(1) 62	(5) 57
(2) 62	(6) 88	(2) 64	(6) 96	(2) 74	(6) 90	(2) 80	(6) 63
(3) 55	(7) 75	(3) 66	(7) 52	(3) 68	(7) 49	(3) 46	(7) 57
(4) 80, 90	(8) 80, 100	(4) 76, 91	(8) 72, 92	(4) 83, 98	(8) 79, 94	(4) 86, 96	(8) 82, 97

1	2	3	4
(1) 54, 57	(6) 67, 69, 71	(1) 103, 106	(6) 304, 305, 307, 309
(2) 61, 62, 63	(7) 92, 88, 86	(2) 174, 172	(7) 388, 386, 383, 382, 381
(3) 76, 75, 72	(8) 57, 58, 64, 65	(3) 213, 214, 217	(8) 246, 247, 248, 250, 254
(4) 89, 88, 82, 81	(9) 76, 73, 72, 69	(4) 252, 255, 258	(9) 193, 195, 196, 197, 199, 202
(5) 51, 53, 57, 59, 60	(10) 80, 82, 85, 86, 88	(5) 288, 286, 284, 282	(10) 375, 372, 371, 370, 369, 367

MA04			
5	6	7	8
(1) 400, 404, 409	(6) 689, 686, 683, 682, 681	(1) 705, 707, 709	(6) 989, 986, 985, 982, 981
(2) 428, 426, 422	(7) 421, 422, 424, 425, 426	(2) 815, 817, 819	(7) 896, 897, 899, 900, 905
(3) 542, 544, 547	(8) 536, 538, 540, 543, 544	(3) 952, 953, 957, 959	(8) 776, 777, 778, 779, 782, 783
(4) 600, 597, 593, 591	(9) 505, 503, 501, 500, 499, 498	(4) 746, 744, 743, 737	(9) 854, 855, 856, 859, 861, 862
(5) 661, 665, 667, 669	(10) 694, 695, 697, 699, 700, 701	(5) 893, 889, 887, 886	(10) 967, 968, 971, 972, 973, 975

MA04			
9	10	11	12
(1) 122, 126, 128	(6) 970, 972, 976, 978, 979	(1) 219, 221, 225	(6) 792, 795, 797, 800, 801
(2) 523, 522, 521	(7) 747, 745, 744, 742, 740	(2) 542, 539, 536	(7) 330, 329, 326, 325, 323, 322
(3) 873, 875, 877, 881	(8) 305, 302, 301, 299, 297	(3) 808, 810, 811, 812	(8) 284, 285, 286, 290, 292, 293
(4) 318, 317, 315, 314	(9) 556, 557, 560, 561, 564, 565	(4) 167, 166, 165, 163	(9) 920, 923, 924, 927, 930, 931, 934, 938, 939, 941, 942
(5) 643, 645 646, 647, 649	(10) 471, 472, 474, 477, 479, 480	(5) 672, 673, 676, 679, 680	

13

240	241	242	243	244
245	246	247	248	249
250	251	252	253	254
255	256	257	258	259
260	261	262	263	264
265	266	267	268	269
270	271	272	273	274
275	276	277	278	279
280	281	282	283	284
285	286	287	288	289

14

815	814	813	812	811
810	809	808	807	806
805	804	803	802	801
800	799	798	797	796
795	794	793	792	791
790	789	788	787	786
785	784	783	782	781
780	779	778	777	776
775	774	773	772	771
770	769	768	767	766

15

581	582	583	584	585
586	587	588	589	590
591	592	593	594	595
596	597	598	599	600
601	602	603	604	605
606	607	608	609	610
611	612	613	614	615
616	617	618	619	620
621	622	623	624	625
626	627	628	629	630

16

429	428	427	426	425
424	423	422	421	420
419	418	417	416	415
414	413	412	411	410
409	408	407	406	405
404	403	402	401	400
399	398	397	396	395
394	393	392	391	390
389	388	387	386	385
384	383	382	381	380

MA04

17	18	19	20
(1) 53, 55	(1) 30, 50	(1) 160, 170	(6) 610, 650, 660
(2) 63, 65	(2) 60, 100	(2) 300, 320	(7) 710, 740, 750
(3) 76, 78, 80	(3) 35, 45, 65	(3) 340, 360, 380	(8) 850, 860, 890
(4) 89, 90, 92	(4) 29, 49, 69	(4) 430, 440, 460	(9) 950, 960, 970
(5) 96, 97, 98	(5) 24, 44, 54	(5) 550, 570, 600	(10) 480, 500, 520

MA04

21	22	23	24
(1) 364, 374	(6) 262, 292, 312	(1) 500, 600	(6) 213, 513, 613
(2) 628, 648	(7) 623, 633, 643	(2) 440, 640	(7) 395, 595, 695
(3) 921, 941, 961	(8) 158, 188, 198	(3) 460, 660	(8) 307, 407, 507
(4) 483, 493, 513	(9) 781, 791, 801	(4) 436, 536, 736	(9) 326, 426, 726
(5) 575, 595, 625	(10) 874, 894, 904	(5) 308, 508, 708	(10) 548, 648, 848

25	26	27	28
(1) 700, 900	**(6)** 254, 354, 454	**(1)** 180, 200	**(6)** 473, 493, 513
(2) 370, 570, 870	**(7)** 562, 862, 962	**(2)** 340, 360	**(7)** 771, 791, 831
(3) 337, 537, 737	**(8)** 285, 485, 785	**(3)** 430, 450, 470	**(8)** 920, 960, 1000
(4) 493, 593, 893	**(9)** 468, 568, 768	**(4)** 890, 910, 950	**(9)** 642, 662, 702
(5) 401, 701, 801	**(10)** 149, 249, 649	**(5)** 510, 570, 610	**(10)** 267, 307, 347

29	30	31	32
(1) 300, 350	**(6)** 476, 626, 676	**(1)** 115, 120	**(6)** 950, 965, 970
(2) 400, 500	**(7)** 778, 828, 928	**(2)** 260, 270	**(7)** 531, 541, 546
(3) 600, 650, 800	**(8)** 391, 441, 491	**(3)** 315, 325, 335	**(8)** 614, 619, 629
(4) 780, 830, 880	**(9)** 712, 812, 862	**(4)** 445, 450, 460	**(9)** 691, 696, 701
(5) 750, 900, 950	**(10)** 447, 597, 647	**(5)** 870, 875, 890	**(10)** 362, 372, 382

33	34	35	36
(1) 74, 75	**(6)** 60, 100	**(1)** 210, 212	**(6)** 364, 564
(2) 88, 90	**(7)** 12, 42	**(2)** 719, 720	**(7)** 308, 608
(3) 40, 50	**(8)** 58, 59, 62	**(3)** 582, 592	**(8)** 520, 570
(4) 58, 68, 98	**(9)** 89, 90, 91	**(4)** 394, 397, 398	**(9)** 157, 457, 557
(5) 70, 71, 72	**(10)** 55, 65, 95	**(5)** 913, 923, 953	**(10)** 558, 708, 758
	(11) 98, 99, 100		**(11)** 593, 643, 693

37	38	39	40
(1) 130, 140	**(6)** 215, 230	**(1)** 309, 311	**(6)** 553, 603
(2) 216, 246	**(7)** 485, 490	**(2)** 558, 588	**(7)** 925, 935
(3) 216, 516	**(8)** 685, 690	**(3)** 317, 717	**(8)** 781, 796
(4) 430, 530, 830	**(9)** 309, 359, 409	**(4)** 985, 986, 987	**(9)** 490, 540, 590
(5) 898, 899, 900	**(10)** 717, 867, 917	**(5)** 661, 676, 681	**(10)** 890, 950, 970
	(11) 492, 542, 692		**(11)** 229, 234, 249

1	2	3	4
(1) 52, 53, 55, 57, 58, 60	**(5)** 76, 78, 80, 82, 84, 85	**(1)** 47, 49, 50, 51, 53, 55, 57, 59, 60	**(4)** 57, 59, 60, 61, 63, 65, 66, 67, 69
(2) 62, 64, 66, 67, 69, 70	**(6)** 81, 82, 84, 86, 88, 90	**(2)** 52, 53, 54, 56, 58, 60, 61, 62, 64	**(5)** 62, 64, 65, 66, 68, 69, 72, 74, 75
(3) 66, 68, 70, 71, 72, 74	**(7)** 87, 89, 91, 92, 94, 95	**(3)** 56, 58, 60, 62, 64, 65, 66, 68, 70	**(6)** 67, 68, 69, 71, 73, 74, 76, 78, 80
(4) 72, 73, 75, 76, 78, 79	**(8)** 91, 93, 95, 97, 98, 99		

5	6	7	8
(1) 72, 73, 75, 76, 78, 79, 82, 83, 85	**(4)** 81, 83, 84, 85, 89, 91, 93, 94, 95	**(1)** 52, 53, 55	**(6)** 63, 65, 67
(2) 76, 77, 79, 80, 82, 83, 84, 87, 89	**(5)** 86, 88, 90, 92, 94, 96, 97, 99, 100	**(2)** 53, 56, 57	**(7)** 69, 71, 72
		(3) 57, 59, 60	**(8)** 72, 74, 76
(3) 81, 83, 85, 87, 89, 90, 91, 93, 95	**(6)** 87, 88, 89, 91, 93, 95, 97, 98, 99	**(4)** 60, 61, 62	**(9)** 78, 79, 80
		(5) 63, 64, 66	**(10)** 82, 83, 85

9	10	11	12
(1) 82, 84, 85	(6) 91, 93, 94	(1) 54, 55, 57	(6) 79, 80, 82
(2) 82, 83, 85	(7) 90, 91, 92	(2) 58, 60, 62	(7) 84, 86, 88
(3) 83, 84, 86	(8) 94, 96, 98	(3) 66, 68, 69	(8) 90, 91, 93
(4) 83, 85, 86	(9) 97, 98, 100	(4) 73, 75, 77	(9) 95, 97, 98
(5) 89, 90, 92	(10) 96, 98, 99	(5) 69, 70, 72, 73, 74	(10) 94, 95, 97, 99, 100

13	14	15	16
(1) 48, 50	(7) 81, 83	(1) (○)(△)( )	(7) (△)(○)( )
(2) 52, 54	(8) 59, 61	(2) (△)(○)( )	(8) (△)( )(○)
(3) 68, 70	(9) 66, 68	(3) (△)( )(○)	(9) ( )(○)(△)
(4) 74, 76	(10) 88, 90	(4) (△)(○)( )	(10) ( )(○)(△)
(5) 78, 80	(11) 73, 75	(5) ( )(○)(△)	(11) (△)( )(○)
(6) 89, 91	(12) 98, 100	(6) ( )(○)(△)	(12) (○)(△)( )